化繁为简

CG 绘画五步练习法

系统科学的 CG 绘画教学方法 / 十余年经验原画师倾情打造

绘画方法 × 经验心得 × 习惯塑造

肥鹏 Lee-JP ◎ 编著

人民邮电出版社

北京

图书在版编目（ＣＩＰ）数据

化繁为简 ： CG绘画五步练习法 / 肥鹏Lee-JP编著
. -- 北京 ： 人民邮电出版社，2022.10
ISBN 978-7-115-59488-4

Ⅰ．①化… Ⅱ．①肥… Ⅲ．①三维动画软件 Ⅳ.
①TP391.41

中国版本图书馆CIP数据核字(2022)第113070号

内 容 提 要

　　这是一本讲解 CG 绘画方法的书，作者将自学 CG 绘画过程中总结的经验和方法概括为"CG 绘画五步练习法"，将 CG 绘画学习者在绘画中遇到的问题逐一破解，引导读者在有限的时间里获得最大的进步。本书分为 10 章，第 1～2 章从审美和技法两个方面讲解 CG 绘画的方法，第 3～8 章讲解"CG 绘画五步练习法"的具体内容，第 9～10 章梳理、拓展全书知识，并分享了作者的工作历程与学习心得。

　　本书适合零基础和有一定美术基础但进步缓慢的 CG 绘画学习者，具有一定经验的画师也可以从中获得启发。作者总结的"CG 绘画五步练习法"是基于 CG 绘画软件的图层概念得出的，因此部分内容不适合想要学习传统纸绘的读者。本书适合用有图层功能的绘画软件辅助学习，如 Photoshop、SAI 等。

　◆　编　著　　肥　鹏 Lee-JP
　　　责任编辑　　李　东
　　　责任印制　　马振武
　◆　人民邮电出版社出版发行　　北京市丰台区成寿寺路 11 号
　　　邮编　100164　电子邮件　315@ptpress.com.cn
　　　网址　http://www.ptpress.com.cn
　　　北京印匠彩色印刷有限公司印刷
　◆　开本：787×1092　1/16
　　　印张：13.5　　　　　　　　2022 年 10 月第 1 版
　　　字数：338 千字　　　　　　2022 年 10 月北京第 1 次印刷

定价：128.00 元
读者服务热线：(010)81055410　印装质量热线：(010)81055316
反盗版热线：(010)81055315
广告经营许可证：京东市监广登字 20170147 号

一个外语类大专院校的计算机专业程序员，短短两年时间便成为画功了得的画手，这不正是绘画圈最爱的"天赋"画手的传说吗？

在"天赋"画手肥鹏老师的这本书里，我们能真正看到一个"天赋"画手是如何成长的。在"天赋"背后，是一个懂得从传统绘画和数码商业插画的流程中吸取精华的人，是一个能把有限的时间都用在正确的练习、思考和总结上的人，是一个画起画来就废寝忘食，舍得在一幅画上花普通人10倍、20倍时间和心血的人，是一个用生命画画的画师。

这本书不仅是肥鹏老师对绘画知识体系的总结，也是对商业插画新手的学习和工作经验分享，更是他从一个绘画新人到成熟画手的见证。肥鹏老师在迷茫中探索的每一步，让我们看到任何一位画手的成长和成功都是不易的。但我们只要有正确的方法，对绘画有足够的热爱并愿意长期努力，就可以实现成为优秀画手的梦想。

在传统的素描水粉教程和铺天盖地的动漫速成教程市场上，肥鹏老师的这本书是一本少有的将传统美术和设计理论与数码绘画软件的实际操作相结合的高含金量宝典，同时也是一名优秀画师充满艰辛的心路历程的记录。

推荐给想学 CG 绘画的你们!

抖抖村村长 –DDM

前言

首先，请大家思考一个问题：学习绘画如何才能在有限的时间里取得最大限度的进步呢？有人可能会说多画。真的是这样吗？那么如何解释，有些人画了很多年却依然没有进步呢？传统的美术学习，学的是什么呢？是素描、速写、水粉、油画等一些非常讲究基本功的绘画门类。它们无一例外是需要大量时间练习、积累才能取得进步的，只有足够的量变，才会形成质的飞跃。

如果你和我一样，是半路出家学习绘画的人，或者你是一个有一定基础的绘画新手，盲目练习且没有方向，不知道怎样才能进步，那么很高兴你能看到这本书。我从小就喜欢画画，但是从来没有接触过正规的美术教育，一直靠兴趣画画，直到上大学我才买了一台笔记本电脑，正式自学绘画。当时网络并不像现在这样发达，我找的教学资料也非常散碎。书店里销售的所谓教程，更多的是介绍作者的绘图过程，或者介绍某些画师多么厉害，几乎没有完善的知识体系和理论知识。有时候看到一种理论，我要用好几天的时间去思考学习中产生的疑问。我也不熟悉绘画软件的功能，只能从画笔、橡皮开始慢慢摸索。由于我的专业不是美术相关的专业，所以能够交流绘画心得的同伴很少。在这种环境中，我只能依靠自己慢慢摸索。时至今日，我仍然在摸索和练习的过程中。

因为我不是美术生，所以更了解自学者的困难。我希望有一个前辈能够告诉我接下来应该如何做，为什么这样做。如果是我买一本教程，我会希望看到什么呢？很简单，我想知道一名画师成长的过程，让我看看自己是否能够坚持下去；我想知道绘画的技法，让我在短时间内能够快速提升绘画能力；我想知道绘画基础知识，让我在没有老师带领的情况下也能进步。所以我写了这本书。

在这本书中，我并没有引用太多名家作品。大多数案例是在日常生活中也能见到的事物、照片或者漫画。案例的难度并不高，只要按我讲解的练习步骤进行训练，大多数同学都能画出来。绘画不是门槛很高的艺术形式，自学者不应该被大量术语或看似遥不可及的名家作品吓倒。一本好的教程应该在了解学生需要什么、对什么感兴趣的基础上，提供合理的学习计划，以方便读者自学。

有些人喜欢画画，只要有空就拿起笔画几下。他们以绘画为乐，所以可以每天都留出时间练习。而我属于那种没时间做练习，也没有挤时间练习的懒人。所以我的方法和其他人不太一样，我并不太享受绘画的过程，更多的是追求结果，所以用了很多"偏门"手法来快速提高绘画能力。我用了两年的时间整理知识内容，稳定心态并加上一定程度的练习，取得了不错的效果。我也在教学的过程中，将这种思维方式传递给学生们，有些人确实在短期内取得了很大进步。在本书中我会向大家分享我的方法，包括五步练习法和相关的绘画知识。这些方法也许无法适用于所有人，但可以作为一个开拓思维的方法，希望能够给大家一定的帮助。

未来充满无限可能，愿大家能一同前行！

肥鹏 Lee-JP

2021 年 7 月

目录

第 1 章　审美与积累　11

1.1 审美 / 知识 / 画功　12
1.1.1 审美、知识、画功的概念　12
1.1.2 审美、知识、画功的关系　15

1.2 在生活中积累　16
1.2.1 感受生活　16
1.2.2 拥抱自然　19
1.2.3 用心娱乐　21

1.3 提高审美认知　22
1.3.1 与时俱进的审美　22
1.3.2 真实与美观　25

第 2 章　数码绘画进阶方法　27

2.1 数码绘画的优势　28
2.1.1 便捷的修改手段　28
2.1.2 降低绘画门槛　29

2.2 五步练习法　30

2.3 数码绘画实用技法　33
2.3.1 图层混合模式　33
2.3.2 图层上色、去色法　38
2.3.3 图层顺序与混合模式　39
2.3.4 选区删减操作　41

第 3 章　图形与剪影　43

3.1 图形的语言　44
3.1.1 用图形表达感情　44
3.1.2 三个基本图形　45
3.1.3 复合图形语言　46

3.2 图形的形式感　47
3.2.1 形式感的概念　48
3.2.2 形式感的作用　48

3.3 图形的节奏与趋势　49
3.3.1 图形的节奏　49
3.3.2 图形的趋势　51

3.4 剪影塑造　53
3.4.1 提高剪影的辨识度　53
3.4.2 剪影的绘制方法　56

第 4 章　线稿与设计　63

4.1 线的形式与作用　64
4.1.1 C/I 形线　64
4.1.2 翻折与夸张　66
4.1.3 翻折的夸张作用　68

4.2 用线稿表现空间和体积　69
4.2.1 空间和体积的概念　69
4.2.2 用线稿表现空间和体积的方法　70

4.3 设计中的形式与元素　73
4.3.1 形式的概念　73
4.3.2 元素的概念　74
4.3.3 元素与形式结合　74
4.3.4 替换元素　76

4.4 线稿的疏密节奏　78
4.4.1 疏密节奏　78

4.4.2　调整线稿疏密节奏的方法　　80

4.5　线稿的练习方法　　84

4.5.1　正视线稿的粗细与虚实　　84

4.5.2　用无压感笔刷画线稿　　85

第 5 章　模型与光照　　87

5.1　块面模型　　88

5.1.1　五面模型　　88

5.1.2　光源方向　　89

5.1.3　套用明度　　90

5.2　白模　　94

5.2.1　白模的概念　　94

5.2.2　白模的绘制方法　　95

5.3　绘画常用光照　　99

5.3.1　顶光　　99

5.3.2　伦勃朗光　　100

5.3.3　侧光　　102

5.3.4　底光　　103

第 6 章　光影二分法　　105

6.1　光影二分的概念　　106

6.1.1　光影图形　　106

6.1.2　光影二分　　107

6.2　用光影二分表现体积和空间　110

6.2.1　用光影二分表现体积　　110

6.2.2　用光影二分表现空间　　112

6.2.3　光影二分在实际绘画中的应用　113

6.3　提取光影二分　　114

6.3.1　线性投影　　114

6.3.2　图形投影　　116

6.3.3　光影二分节奏　　117

6.4　绘制光影二分　　118

6.4.1　概括暗部图形　　118

6.4.2　虚化转折　　119

6.4.3　调整绘画风格　　121

第 7 章　色彩搭配法则　123

7.1　色彩基础　　124

7.1.1　固有色与环境色　　124

7.1.2　色彩模式　　125

7.1.3　明度与亮度的区别　　126

7.2　色彩对比　　128

7.2.1　明度对比　　128

7.2.2　饱和度对比　　128

7.2.3　冷暖对比　　129

7.3 剪裁与色彩搭配　131

7.3.1　剪裁的概念　131

7.3.2　黑白灰层级划分　132

7.3.3　黑白灰剪裁与色彩搭配　134

7.4 色彩搭配方法　136

7.4.1　色彩语言　136

7.4.2　单色搭配　137

7.4.3　多色搭配　140

7.4.4　取色范围　141

7.5 色彩调整方法　143

7.5.1　调整单色　143

7.5.2　调整暗部色　145

7.5.3　调整线稿色　147

第 8 章　五调子与刻画　149

8.1 素描五调子　150

8.1.1　素描五调子的含义　150

8.1.2　用图形概括素描五调子　151

8.1.3　强化素描五调子的方法　154

8.2 明暗交界线　155

8.2.1　明暗交界线的作用　155

8.2.2　强化明暗交界线的方法　157

8.3 高光和反光　159

8.3.1　高光和反光的作用　159

8.3.2　用高光和反光表现材质　161

8.3.3　高光和反光的色彩特征　163

8.4 高级灰刻画　164

8.4.1　高级灰刻画的概念　164

8.4.2　高级灰刻画的方法　166

8.5 强化画面效果　169

8.5.1　添加泛光　169

8.5.2　自动色调 / 对比度 / 颜色　170

8.5.3　镜头抖动效果　172

第 9 章　知识梳理与拓展　173

9.1 拆分知识点　174

9.1.1　通过生活案例拆分　174

9.1.2　通过优秀作品拆分　175

9.2 梳理绘画步骤　177

9.2.1　设计构思　177

9.2.2　剪影　178

9.2.3　线稿　178

9.2.4　白模与光影二分　179

9.2.5　上色　179

9.2.6　刻画　180

9.3 黑白格子　182

9.3.1　视线引导步骤　182

9.3.2　黑白格子原理　184

第 10 章　工作历程与学习心得　189

10.1 工作历程　190

10.1.1　关于游戏行业　190

10.1.2　关于教育行业　195

10.2 学习心得　197

10.2.1　兴趣是最好的老师　197

10.2.2　敢于接受批评　201

作品展示　203

画师的传说

嗯，你说，我在听呢

第一章 审美与积累

1.1 审美 / 知识 / 画功

一个画师的成长，离不开三个要素：审美、知识和画功。审美与知识结合，然后提升画功，进行实践，这可以说是绘画过程中最实用的理论。"参考决定上限，基础决定下限"，说的也是这个理论。本节讲解审美、知识和画功的知识，包括审美、知识和画功的概念，审美、知识和画功的关系。

1.1.1 审美、知识、画功的概念

1. 审美

试想一下，什么会吸引顾客走进这家服装店呢？该服装店店面如图 1-1 所示。

图 1-1

模特展示的服装风格！模特展示的服装风格展现了这家店服装的整体审美风格。只有当服装的风格和顾客自身审美风格相似时，顾客才会走进这家店。所以审美在消费升级趋势中会起到越发重要的作用。

"审美"究竟是什么呢？对于画师来说，审美并不是简单的看着"好看"，而是能看出"哪里好看"。所以，知道什么样的呈现效果是美的，并清楚美在哪里，就是审美。

2. 知识

那么"知识"是什么呢？如果具有了审美，就能看出什么是美的。那"学习美的地方"就成了接下来的课题。"知识"就是表现美的理论依据。

图 1-2 所示是一名数码绘画零基础的学生的两张作品。左图是他最初按照纸上素描的画法画的石膏像，画面充满了细碎的笔触，显得比较脏。通过一周的学习，他学会了"光影二分""刻画"的知识，就画出了右图。

学生最初的练习　　　　学生一周后的练习

图 1-2

有时候一个人仅仅需要想明白某个知识点便能取得进步，当不懂这个知识点时，无论进行多少练习可能都是无效的！依靠练习取得的进步，也必然是边练习边思考，总结知识、方法取得的。

本书讲到的大部分内容，都是"知识"。本书会通过几章讲解原画设计步骤，以及在相应步骤需要思考的内容。能了解每一笔是出于什么目的画的，就是掌握了知识。如果在经过老师指点后，能明白自己在某个步骤中哪些地方没想透彻，但在没有老师指点时，又退步了，那就是没有真正掌握知识。

3. 画功

有了知识以后，我们在绘画的过程中就不会感到迷茫。但是有了知识，如何使用知识又是另一个课题。这就涉及"画功"，也就是手上的功夫。有时候大脑很清楚想要画出什么样的效果，也知道怎么画，可画出来的效果和想象的效果有很大差距，如图 1-3 所示。这就是画功不足的表现。

画功影响提升画面效果的速度。当画功足够支撑自己完成想表达的作品风格时，只要稍微提升审美，并补充一些知识点，就可以快速提升画面的效果，取得新的突破。

想象中的效果　　　　实际画出来的效果

图 1-3

••• 小贴士

提到画功，我就想到了一件事情。了解我的同学可能知道，我的父亲虽然是一名工人，但他从 16 岁时就开始练习绘画。虽然由于工作原因中间没怎么专门练过，但是毕竟手上有功夫，稍加练习还是可以画出来的。

我随便挑了两张他 24 岁时绘制的工笔画，如图 1-4 所示。

我不懂国画，无法做专业点评。但可以看出他画的线条、图形和空间结构关系还是很合理的，说明那时候他已经具备了一定程度的美术功底。

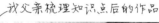

我父亲起初画的写意山水画

图 1-5

我父亲在 1987 年画的工笔画作品

我父亲梳理知识点后的作品

图 1-6

图 1-4

近几年他退休了，开始研究写意山水画。以我的理解，写意山水画就是用大胆的笔触创作。然而他总是放不开，画得小心翼翼，呈现效果如图 1-5 所示。

虽然我不懂国画，但一眼就能看出这幅画的构图不好，右侧的内容偏多，山石的形状非常相似，没有空间感。之后他拿了一些国画名家的作品参考，告诉我他想学到哪些东西。我看了作品参考后发现，那些国画名家笔下的山水画和游戏美术的场景概念图的绘制思路非常像，即有空间关系，有远近虚实，有疏密节奏变化。根据他的想法，我针对性地讲解了一些知识点，没过几天他就画出了一幅作品，如图 1-6 所示。

这幅画相比上一幅有了很明显的变化，构图更加合理，疏密节奏也好了很多。虽然他也想尝试做些"留白"处理，但他想表达的内容太多，就会不自觉地多加东西，以至于有些破坏写意山水画"留白"的意境美，但其他方面还是大有进步的。

说了这么多，是想告诉大家画功是什么。我父亲是有画功的，然而从工笔画转到写意山水画后，他就不知道如何运用了。但是经过引导，他就能够意识到问题所在，并依据以往的审美和画功让自己有意识地避免一些问题，短时间便可达到自己想要的效果。

那么什么样的画功是合格的呢？也许答案有点出乎意料：只要具备临摹出参考作品的能力，就说明以现在的画功可以画出与参考作品相同水平的原创作品！绝大部分同学是具备临摹能力的，但自己并不清楚应该如何应用这种能力。

图1-7是一名学生在2019年12月的作品，颜色干净，但是画面整体感觉有点灰。可以看出他是有一定绘画功底的，只是需要在色彩搭配上多下功夫。在学习了相应的知识点后，经过一段时间的练习，他在表达作品效果方面就提升了很多，如图1-8所示。

通过对比两张图，可以看出这位同学在整体效果上的进步，而仔细看的话，绘画手法似乎与之前没有太大的变化。这就是画功没有改变，但效果提升了的典型案例。

肥鹏有话说

本书后续章节引用的案例并不难，很多作品是大家都能画出来的。我更倾向于告诉大家"这样做的原因"，让更多人知道"原来是出于这样的目的才这么画"，而不是"接下来要怎么做"。因为接下来的做法，需要自己凭兴趣探索，才能形成和别人不同的画风。

学生在2019年12月的作品

图1-7

学生在2020年8月的作品

图1-8

1.1.2 审美、知识、画功的关系

利用几个月的业余时间学习，与用几个月的时间集训学习产生的效果肯定是不一样的。很多人要上班，做毕业设计，或者忙其他的事。正是因为没有办法花费大量时间集中训练，所以掌握正确的、高效的绘画方法才尤为重要。这就要重视"审美、知识、画功"体系，在日常生活中培养"审美"、积累"知识"，然后通过针对性的训练，将其融入"画功"。

一般正确的进步顺序是先提高审美能力，然后是知识，最后是画功。因为学习画画，要先知道什么是好的，再了解如何达到好的效果，最后动手实践。只要有想进步的决心，并培养审美、学习知识，将审美和知识融入画功，就可以取得进步。虽然过程是烦琐且枯燥的，但进步就是在不断打破自己舒适区的过程中取得的。

如果将这三种能力进行排列，应是审美＞知识＞画功。如果按百分比算，我认为审美占60%，知识占30%，画功占10%。虽然有的初学者认为自己审美只有20%，知识只有10%，画功是0%，很难学好绘画，但经过练习也能取得进步。绘画本身就是通过积累取得进步的艺术形式。没有哪个艺术家是天生的，都是通过不断地积累、实践成就的。

如果能力的顺序不是审美 > 知识 > 画功会怎么样呢？当验证审美、知识、画功的逻辑关系的时候，我发现了很有趣的事情——似乎这套逻辑和现实中人们的某些行为是相互对应的。

我根据现实情况制作了一个表格，大家可以根据表格对号入座，检测一下自己目前是哪一种类型。

肥鹏有话说

如果审美欠缺，就仔细阅读本章，本章将会讲解如何在生活中进行积累和提高审美能力；如果知识欠缺，就认真学习全书，本书后面的章节会详细讲解原画中会用到的各个知识点；如果画功欠缺，就需要在学习本书内容的同时进行针对性的练习。找到自身的缺点，努力弥补不足，才可以持续地获得进步。

顺序模式	特征
审美 > 知识 > 画功	正确的进步模式
审美 > 画功 > 知识	能看出参考作品哪里好，能临摹出来，但绘制原创作品的时候就欠佳了
画功 > 知识 > 审美	认为自己画得很厉害，完全不用向别人学习（画风比较过时的画师或艺术家，与市场脱轨）
画功 > 审美 > 知识	有画功，但画不出理想的效果，经常修改
知识 > 审美 > 画功	可以指出别人的问题，也知道自己的问题，但就是画不好（给别人指导时，只说问题，不敢改图）
知识 > 画功 > 审美	知道学习方法，但不知道什么是好的，坚持自己的画风不愿改变

1.2 在生活中积累

很多人认为画得好，靠的是不断地练习。这样说并不准确，因为忽略了生活阅历的重要性。对画师和设计师来说，绘画进步的主要方法就是观察生活！艺术源于生活并高于生活，新入门的画师可以借助观察生活提升审美能力，总结知识点，拓展创意思路。本节讲解在生活中积累绘画知识的方法，包括感受生活、拥抱自然和用心娱乐。

1.2.1 感受生活

生活中有很多一闪而过的画面，其实很值得观察和记录。当苦于画画没有参考物的时候，不妨看向周围，因为美好的事物就在身边。设计师的阅历并不比普通人多，只是他们拥有一双善于观察、善于发现的眼睛。其实在生活中就能积累很多知识点，但很多人不懂，这些极其重要的知识就被忽略了。

大家所在的城市，城市的街道，街道旁的建筑，建筑中的陈设……它们就在周围，而它们无一不是经过设计师的精心设计才出现在生活中的。黄金比例、点线面分割、人体工程学等知识，就蕴含在生活中的各个角落，如图1-9所示。

图 1-9

我们看到的各种广告设计，都或多或少具有视觉引导和思维暗示的作用。例如，大家可以做一个视觉引导挑战，在看着图 1-10 所示的箭头时，不要去看它指向的内容。

就像这个视觉引导挑战一样，大家以为自己的眼睛会受到大脑的控制，但最终还是看向了这只鸡。那么，反过来思考，生活中那些带有引导、暗示意味的广告设计，都是在各种广告方案中精挑细选、最终投入使用的。如果可以将看到的广告设计记下来，并进行分析，是不是能够学到一些设计知识呢？

例如，很多商家都会打造自己的知识产权（Intellectual Property，IP）形象，提升品牌知名度，拉近与用户之间的距离。我们平时稍加留意商品的广告设计，就能积累不少设计知识。能够被记住的广告设计表明它具有一定的闪光点，我们多分析它的造型和颜色搭配就可以达到积累的效果。

随着自媒体的出现，很多自媒体人都在找画师量身定做 IP 形象。也有很多人为了纪念，会特意定制专属的 IP 形象，如图 1-11 所示。

视觉引导挑战

不要去看这只鸡

图 1-10

图 1-11

大家在购买商品时，一定见过不少商品包装上印制的精美插画，如图 1-12 所示。比起之前用照片配文字做设计，现在的商家更喜欢在品牌设计中用插画来表现企业文化。这样在实用的基础上不仅增加了审美价值，还能使人产生收藏或反复使用的欲望，更加环保。在有限的空间中，在保证视觉美观的前提下尽可能加入更多的内在元素，这也是绘画拥有的独特魅力。

过年的时候，有的城市会有彩灯展，如图 1-13 所示。

不经意间路过某家店面，会被里面的氛围吸引，如图 1-14 所示。

这些生活中的美，都是艺术的发展带动审美产生的现象。当物质充足后，人们必然会将注意力转移到精神层面，这时艺术就会融入生活。只要善于发现、善于积累生活中的美，在自己创作时，这些生活画面就会带来很多设计灵感。

例如，服装设计是日常生活中非常常见的设计门类，人们的日常穿搭就能体现出当下流行的服装样式和风格。不同国家的时装设计师们每季都会设计出应季的新款衣服，在商店橱窗或杂志广告中展示，如图 1-15 所示。只要在生活中善于观察，在做角色设计的时候，就可以为角色的服饰搭配找到合适的参考。

讲了这么多是为了提醒大家，在日常生活中会见到很多美的东西，但由于快速的生活节奏，大量的信息被忽视了。如果能有意识地留意这类视觉信息，长期积累，可能比上课学到的知识还要多。

插画类包装和明信片

图 1-12

图 1-13

图 1-14

图 1-15

1.2.2 拥抱自然

传统美术练习会让画师在画架前一连待上几小时，以练就平稳的心态慢慢地打磨作品，逐渐提高自己的绘画水平。如果没有时间静心练习怎么办呢？可能有人想到了可以进行碎片化练习，如坐火车、挤地铁的时候，掏出速写本练一练。虽然有点伤眼睛，但也算一种解决方案。那如果把坐车的时间用来观察窗外的景色，看看周边环境，则既能保护眼睛，又能有所积累，岂不美哉？

例如，不经意间抬头看向天空，有时候也会有意想不到的发现，如图1-16和图1-17所示。

天空的颜色在一天当中的每个时段都有不同的变化，云的形态也变化万千。例如，坐飞机的时候能看到云的顶部，这些云好像一个个棉花团，如图1-18所示。

下班时，天空中出现的晚霞

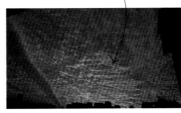

图1-16

日落时，天边的一抹彩云

图1-17

从飞机上看到的云

图1-18

小贴士

有很多同学画的云是平面的，没有体积感，就是因为平时看得少、想得少。从地表到上空有很多看不见的空气层，因此，处在不同空气层的云自然就会有空间和体积的变化，如图1-19所示。

一层一层的云

图1-19

单个的云团就像放在玻璃上的棉花，从玻璃下方看这朵棉花，就可以看到它有底部、有侧面。如果这样说不容易理解，可以把云想象成：有只鸟飞过来拉了一坨便便在车玻璃上，便便的底部是和车玻璃一样的平面，上表面是体积的堆叠，如图 1-20 所示。

所以云的底部几乎是平行于地面的，顶部由于堆叠体积的不同会产生形态变化，如图 1-21 所示。

图 1-20

图 1-21

出去旅游时要多收集美丽的风景。图 1-22 所示为九寨沟的风景。留心观察水面就会发现，水面上物体倒影的部分呈现出深色，可以映出水中的水草，倒影以外的部分比较亮，会映出天空。所以总结一下画水面的知识点，就可以得出：水面受光部分会反射出天空，不受光部分可以折射出水下的物体。利用这种规律画水面，就会很真实。

九寨沟的风景

图 1-22

有很多人觉得中国水墨画是抽象画，我之前也一直这么认为。直到我去了峨眉山，随便拍一张照片都像水墨画，如图 1-23 所示，不禁感叹："哇！原来国画是在用水墨写实！"

综上所述可知，大自然蕴含了很多绘画知识，同时很多已有的绘画知识可以通过自然得到验证。长期积累、思考，久

图 1-23

而久之就能产生自己的见解，最后将其呈现在作品中。所以利用碎片时间观察自然，养成思考的习惯，积累知识，最后通过练习把知识融合在一起，就能做到通过少量的练习取得较大的进步！

1.2.3 用心娱乐

相信很多同学都会玩游戏，也会看动画、漫画、电影。只要认真观察，即使在娱乐中也能学到很多绘画知识。学习绘画的人将来很有可能会从事相关的工作，所以，多接触、多学习，对将来的工作会有很大的帮助。

兴趣是最好的老师，真正的"学霸"不一定是非常努力学习的同学，而是拿学习当乐趣的同学！在兴趣中学习，对初学者来说是最重要的。例如，很多电影作品的每个镜头都是经过精心设计的，画面构图、光影、色调等，可以媲美油画。图1-24所示为法国电影《雷诺阿》的截图。

2012年法国电影《雷诺阿》截图

图1-24

电影艺术也在慢慢影响游戏行业，游戏硬件技术突飞猛进的同时，游戏画面也逐渐有了电影的质感。例如，《战神4》就使用了"一镜到底"的长镜头手法，令人眼前一亮，其片段截图如图1-25所示。

PS4游戏《战神4》截图

图1-25

随着手机技术的发展，游戏开发商们都很看重手机游戏的研发。手机游戏的大热也引来许多美术从业者从事游戏原画行业。目前从事游戏原画行业的人美术功底都比较强，设计的游戏画面也越来越精美。某手机游戏的概念设定如图1-26所示。

手机游戏《暗黑血统：创世纪》（Darksiders Genesis）概念设定

图1-26

如果不喜欢玩游戏，还可以看看动漫。近年来中国动画和漫画逐渐崛起，很多动漫的制作越来越精良，美术效果做得很棒。当然，喜欢看电视剧的同学也能了解到一些高成本制作的电视剧，其画面质量不输电影。可以说动漫、影视、游戏这三种流行艺术载体是大部分画师都会接触到的。只要在娱乐的时候细心观察，把感到惊艳的画面截取下来，再进行分析就可以逐步提升自身审美。

 肥鹏有话说

我平时和大多数人一样上下班，周末玩游戏、看漫画，想到什么就马上记下来，然后有针对地练习，一直在不断地学习。本书引用了很多流行动漫、游戏方面的案例，一是因为这些内容充斥着生活，随处可见，有些可以调动画师的创作欲；二是因为这些作品受到市场青睐，学习这类作品更容易使自己创作的作品融入市场。

1.3 提高审美认知

审美一直是个非常模糊的东西，它就像空气一样存在于人的生活中，重要性却总被人忽视。同时审美不是一成不变的，它会随着时代的演变而变化。本节讲解提高审美认知的内容，包括分析与时俱进的审美趋势、关于真实和美观的探讨。

1.3.1 与时俱进的审美

在 20 世纪 90 年代的日本漫画中，能看到很多留着"飞机头"的角色，如《灌篮高手》中的樱木花道、《幽游白书》中的桑原。类似的角色还有很多，这说明当时的日本年轻人觉得这种发型非常有个性，有着特殊的意义。

不同的时代有不同的审美，同样的东西出现在不同的时代会给人不同的感受。绘画也可以简单地分为传统绘画与流行绘画，原画设计其实就是后者。流行绘画只要紧跟时代步伐，画风迎合市场需求就可以产生经济效益。如果画师想要靠绘画养活自己，了解市场的需求是很有必要的。

每当有一部电影、游戏或动画成为"爆款"时，它就很有可能引领一个时代的浪潮。例如，漫画《美少女战士》从1992年开始连载，线状、透明的头发和闪烁、发光的"星星眼"成了这部漫画的标志，这样的风格成了当时美少女题材漫画的主流。所以之后很多美少女题材的漫画都有相似的特征，比较典型的就是从1996年开始连载的漫画《百变小樱魔法卡》，如图1-27所示。

漫画《美少女战士》　　　漫画《百变小樱魔法卡》

图1-27

相似的案例还有很多，如日本角色扮演游戏《勇者斗恶龙》就直接邀请了漫画《龙珠》的创作者鸟山明进行角色和宣传图的绘制。《龙珠》和《勇者斗恶龙》封面如图1-28所示。

漫画《龙珠》封面　　　游戏《勇者斗恶龙》封面

图1-28

从国内的游戏原画来说，2010年前后是我国游戏市场蓬勃发展的时期。当时产生了诸多经典IP，游戏美术风格也影响了一代游戏原画设计师。图1-29所示为学生受老游戏风格影响画出的作品。

学生受老游戏风格影响画的作品

图1-29

也许早期游戏行业对游戏原画并没有太高的要求，但随着这几年游戏盛行，很多传统绘画出身的画师们也加入了游戏原画行业。行业门槛水涨船高，而是否具备传统美术知识也成了判断画师能力的重要标准。虽然现在市场上的绘画风格五花八门，但无疑都是传统绘画理念的个性化发展。这几年市场上游戏设计风格的最大变化，就是从注重"刻画"转移到了注重"设计"。游戏《天涯明月刀》的原画设计如图1-30所示。

游戏《天涯明月刀》的原画设计

图1-30

产生这种变化的原因就是3D制作技术的发展。之前3D制作技术模拟光影的效果较差，画师需要在设计图中尽可能地把光影过渡效果画好。而随着3D模拟光影的技术越发成熟，画师们就可以将更多的精力放在设计上。所以近年的各类游戏画面风格都产生了明显变化——去繁从简，越来越注重设计。

但是很多想要从事游戏原画设计的人，是接触不到行业最新的设计趋势的，学习的知识与行业的需求脱节。有些早期从事美术设计的画师，现在转行做原画教学，但是由于他们已经脱离市场很久了，所以他们教的是过时的设计理念。很多学生受到他们的影响，虽然自身能力很强，但审美老旧，依旧无法设计出具有足够竞争力的作品，如图1-31所示。

原画设计只是游戏产业链的一环，市场通常都是非常现实的，它就是要以最小的成本获取最大的收益。对于刚入行的画师来说，模仿当下最受欢迎的作品风格是比较稳妥的方式。一方面，游戏公司喜欢找会画流行风格的画师设计新项目；另一方面，"爆款"作品又会吸引更多画师学习它的美术风格。这种情况慢慢就演变成了"学习流行画风的画师容易被市场所看重"，这也是服务于商业的画师不得不培养流行审美的原因。

如果画师以工作为出发点，那么极端的个性也许不是画师应该追求的，符合市场需求的画风才是画师应该多加关注的。欣赏一些作品的时候，多思考这个作品为什么受欢迎、哪些作品风格过时了、大家喜欢的风格是什么样的，才能让自己的作品跟得上时代的步伐。

看惯了以往美术风格的游戏玩家希望有更吸引眼球的美术效果出现，所以隔一段时间，市场的主流审美就会改变一次。每年都会有新的"爆款"游戏引领当下的市场风格，如果画师没有抓住当下的审美需求，就很容易被市场淘汰。市场流行的风格是不断变化的，但有一件事是确定的：只要画师能力足够强，就可以适应任何风格变化！所以大家不要太在意自己"画了什么"，而应该了解自己"能画什么"。

学生受老游戏风格影响画的作品

图1-31

1.3.2 真实与美观

关于真实和美观的问题，小学语文课文《画杨桃》也讨论过。

文中主角因为坐在一个特殊的角度，观察杨桃时，看到的正好是杨桃像"五角星"的那个面，如图1-32所示，所以无论他画得多么像，同学们都认为他画的是五角星，而不是杨桃。可见"画得像"不见得就是"画得好"，如果真实的东西都好看，那为什么会有摄影师这个职业呢？当通过摄影可以拍出无比真实的画面后，绘画的意义是什么呢？以角色设计为例，真实的人体比例如图1-33所示。

这是达·芬奇关于人体比例的手稿作品《维特鲁威人》，其人体比例近乎标准，但它美观吗？只是看一张图就进行评价，显然是不够客观的。可以通过其他图进行对比判断，如图1-34所示。

达·芬奇作品《维特鲁威人》

图1-32

图1-33

图 1-34

　　这些人体比例虽然不标准，甚至有些"畸形"，但每个人体的视觉表现力都很强。在这种人体造型的基础上设计服装，设计效果会令人印象更深刻。

　　图 1-35 所示的角色出自格斗游戏《罪恶装备》，大家觉得这张图的人体及武器的比例标准吗？显然不标准，人物的腿太长了，武器太大了，正常人都拿不动这样的武器！但是这个角色在游戏中的表现力非常强，飞舞的双刀和巨大的披风可以产生很强的视觉冲击力，如图 1-36 所示。

游戏《罪恶装备》角色设计

图 1-35

游戏《罪恶装备》角色设计

图 1-36

　　那么对于真实与美观，该向哪个方向侧重呢？现在的游戏原画行业，不论是气氛图、角色设计，还是美术宣传图，都会更注重视觉表现力。美术设计能不能让玩家印象深刻是很重要的，若这个游戏的美术设计足够吸引玩家，就是成功的设计。

　　回到真实与美观的问题上。当用相机拍照的时候，拍出的每一张照片都是真实的，但不代表每张照片都是好看的。例如，很多喜欢自拍的女生会对着相机拍几十张照片，然后从里面选出一两张好看的，美化后才发到"朋友圈"。如果真实的都是好看的，那就不需要修图软件了。

　　因此，我更追求画面的美观，其次才是真实。所以我的教学理念也会将"美观"放在第一位，把"真实"当作让设计变得更合理的参考。

第2章

数码绘画进阶方法

2.1 数码绘画的优势

学习传统美术，需要了解什么呢？除了绘画知识之外，还需要了解绘画工具、运笔方式、调色方法等，所以学生会花费大量的时间在绘画以外的事情上。但数码绘画只需要一台性能好的计算机、一块用得顺手的数位板，就可以开始专心创作了。虽然数码绘画没有传统绘画中笔尖在纸上摩擦的触感，但数码绘画对于新手而言更易上手，这是毋庸置疑的。数码绘画的容错率较高，它提供了很多修改方法，我们在同一幅画中可以尝试不同的画法。因此，数码绘画具有成本低、效率高的优势。

2.1.1 便捷的修改手段

传统绘画对新手来说最大的缺点就是无法反复修改，而数码绘画恰好解决了这个问题。在数码绘画中，利用软件的便捷功能可以任意修改画面，直到满意为止。每一步操作都具有承上启下的作用，在做好上一步的基础上，再进行下一步，长期练习定会取得很大的进步。

1. 水平翻转画布

在练习绘画一段时间后，可能会产生审美疲劳，这是很正常的。画同一个角度久了之后，可以试着换一个角度观察画面，例如，水平翻转一下画布，可能会发现新的问题，如图 2-1 所示。

将这些问题修改调整之后，画面表现会更准确，所以水平翻转画布的操作是很有必要的。水平翻转画布的具体操作方法是执行"图像→图像旋转→水平翻转画布"命令。

原图看看问题不大　　水平翻转后发现五官有透视问题

图 2-1

2. 蒙版

在图层面板的下方，有一个"添加蒙版"按钮，如图 2-2 所示。

如果先选中一个图层，再单击"添加蒙版"按钮，该图层旁边会出现一个白色的蒙版，并与当前选中的图层绑定。添加蒙版后单击白色蒙版，用黑色的画笔在上面画，与之绑定的有图案的图层上相应的区域会被擦掉，如图 2-3 所示。也就是说，在蒙版中，黑色代表不可见，白色代表可见。用黑色的画笔在蒙版中画，就像用橡皮将原图层中的画面擦掉一样。

这个功能可以看作一个可以恢复的橡皮功能，被黑色画笔擦掉的区域，用白色画笔填充回来后，

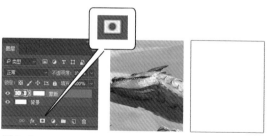

图 2-2

图 2-3

原图层中的对应区域的画面也会恢复。如果大家对画面效果的控制力不足，可以用这个功能保留原图备份。

3. 导航器

传统绘画中，画一段时间就需要停下来，然后拉远距离看画面整体。保持画面的整体性是一个有利于进步的好习惯，但很多同学在数码绘画中没有养成这个习惯。这时就可以使用"导航器"功能，把导航器放在画布旁边，无论怎么放大、缩小画布都可以看到画面全局，这样也有助于检查现在做的步骤是否对整体效果有帮助。执行"窗口→导航器"命令就可以打开导航器面板，其界面如图 2-4 所示。

图 2-4

 肥鹏有话说

其实，软件只是辅助，它只是让创作和检查的过程更加顺利。想要使用软件一蹴而就是不可能的，绘画能力还是要通过扎实的学习和实践才能稳步提高。

2.1.2 降低绘画门槛

绘画是有一定成本的，尤其是传统绘画。传统绘画学习的成本相对较高，如画笔、颜料、橡皮和画纸等都是消耗品，用完就要及时补充。除此之外还有很多的额外支出，如培训费用、外出写生的食宿费用、购买摄影器材和扫描仪的费用等。但是数码绘画的学习成本就相对较低，因为购买后，硬件的更新换代可以随个人意愿决定，而即使是老版本的软件也不影响使用。

数码绘画降低了学习绘画的门槛，使更多人可以接触绘画。然而这并不代表画师的价值削弱了！加入绘画行业的人越来越多，确实使绘画行业的竞争变得更激烈了。但是绘画的金字塔仍然非常高，也许画了几十年的人都无法达到塔顶，处于塔顶的只有很小一部分佼佼者。大量的画师处于金字塔的底层，凭兴趣绘画，停步不前或半途而废。就像每年参加美术艺考的学生数不胜数，但能够考上重点美术学府的学生只占一小部分。美术艺考教室如图 2-5 所示。

图 2-5

美术艺考教室

 肥鹏有话说

想要走上顶峰，需要有充足的动力，还有坚持不懈的努力，这两点缺一不可。

2.2 五步练习法

　　绘画软件多了"图层"这一关键性的功能，让画师作图有了更多修改和分步骤的空间。分层绘画可以让画师按阶段进行修改，而接下来讲的"五步练习法"就是基于绘画软件的分层绘画所提炼出的方法。简单来说，将绘画拆分为五个步骤，根据需求不同，每个步骤都有各自的侧重点和作用。这五个步骤分别是"剪影""线稿""光影二分""固有色""刻画"，为了适应不同的绘画风格，附加了"白模"步骤，这一步可根据需要选择是否保留。

1. 剪影

　　"剪影"即所画物体的轮廓，是原画设计的第一步。剪影可以决定设计的整体辨识度。这一步完成后的效果如图 2-6 所示。

图 2-6

2. 线稿

　　"线稿"即所画物体内部的结构空间关系，是继剪影之后细分设计的关键步骤。这一步完成后的效果如图 2-7 所示。

图 2-7

3. 白模

"白模"即所画物体在没有颜色和明显光照的状态下，表现出"鼓起处亮，凹陷处暗"特征的模型。白模效果如图2-8所示。

这一步是"五步练习法"中的附加步骤，它是剪影与线稿步骤的结合。设计厚涂风格的角色时就需要白模步骤，设计日系风格的角色时则可以省去这一步骤。

图2-8

4. 光影二分

"光影二分"即强制将物体表面分为"光可照到的"和"光照不到的"两个部分，并用边缘清晰的图形将其划分出来。这是原画设计中确定光影关系的关键步骤。这一步完成后的效果如图2-9所示。

图2-9

5. 固有色

"固有色"即物体本身的颜色。这一步需要将每个结构的固有色以平铺的方式填充好，并将相同的颜色放在同一个图层里，方便后期刻画和调整。这一步完成后的效果如图2-10所示。

图2-10

6. 刻画

"刻画"即用素描五调子的理论仔细刻画每一个细节，同时保持画面整体统一。刻画是决定原画设计最终呈现效果的重要步骤。完成这一步后的效果如图 2-11 所示。

以上介绍的任何一步，都可以作为单项练习，每一步都包含很多美术知识，在后面的章节会具体阐述。将这五步结合起来，便可完成一幅完整的作品。用这个思路进行练习，可以在完成一幅作品的同时，训练五种能力。长期坚持思考和运用"五步练习法"练习，会比普通练习进步的速度快很多！

图 2-11

油画名家萨金特的速写作品

💬 小贴士

传统美术练习也会用到这种思路。例如，速写练习，其实就是在练习"线稿 + 光影二分"，当这一步做得足够好时，就可以仅凭速写看出它的素描效果。例如，通过图 2-12 所示的油画名家萨金特的速写作品，便可以想到它处理成素描的样子。

早在文艺复兴时期，画师为了不占用雇主的时间，都会在其摆出动作的时候，用最快的速度画出一张速写。抓住人物的面貌和体态特征后，再让其他模特穿同样的衣服、做同样的动作，供画师继续绘制作品，这种思路一直沿用至今。所以速写是一种实用技能，而非形式。

图 2-12

2.3 数码绘画实用技法

上一节讲解的"五步练习法"是基于绘画软件的"图层"功能而设计的，所以绘画的先后顺序、思考顺序、分层顺序都是有讲究的。除了刻画是必须依附于整体效果才能进行的步骤，其他步骤都有独特的图层顺序和图层技法。

2.3.1 图层混合模式

在 Photoshop 图层面板中，单击"设置图层的混合模式"下拉列表框，会发现有各种各样的图层混合模式，如图 2-13 所示。

每一种模式对应不同的图层叠加方法，在绘画中不会应用到所有的图层混合模式。一些专业的 Photoshop 混合模式教学中，会列举很多数值进行原理说明，但其实画师只需要知道该图层混合模式的效果就可以了。这里介绍几种在绘画中常用的图层混合模式。

1. 正常

"正常"模式就是未设置图层混合模式时的状态，画在图层 2 的内容会遮盖住图层 1 的内容，如图 2-14 所示。

为了方便对比图层混合模式的效果，后面左侧的色块均为图层 2 的色块，右侧的色块均为图层 1 的色块，并且只对图层 2 设置图层混合模式。

2. 变暗

在"正常"模式中，图层 2 的色块明度较高，而图层 1 的色块明度较低。将图层 2 的图层混合模式设为"变暗"后，两个图层相交的地方，会显示出明度较低的图层，如图 2-15 所示。

简单地说，就是"谁的明度更低，谁就会显示出来"。"变暗"模式通常在画亮部细节时使用。如果图中高光处的颜色过亮，也就是曝光过度，就可以在曝光处上方新建一个图层，将图层混合模式设为"变暗"，在变暗图层画比高光更暗的颜色。这样可以只

图 2-13

图 2-14

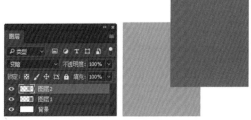

图 2-15

降低高光处的明度，而不破坏其他细节。修改之后，亮部才有继续提亮和增加细节的空间，而暗部原本的细节也不会被破坏，可以省去大量修改的时间。具体修改效果如图 2-16 所示。

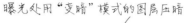

原图亮部曝光过度　　　　曝光处用"变暗"模式的图层压暗　　　　继续刻画亮部

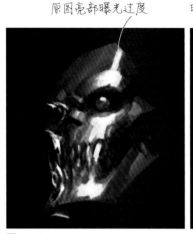

图 2-16

3. 正片叠底

　　"正片叠底"模式是"五步练习法"的核心图层混合模式之一，使用频率非常高。它用于使两个图层的明度相互叠加。如果图层1和图层2的颜色都是灰色，混合后的颜色明度就会比任何一种颜色的明度都低，如图2-17所示。但如果和白色叠加，则不会产生任何变化。

图 2-17

　　当既想要保留图层 1 的颜色，又想要保留图层 2 的明度时，就会用到"正片叠底"模式。通常使用的方法是，将暗部图层放在固有色图层的上方，将图层混合模式设为"正片叠底"，再通过按快捷键"Ctrl+U"打开"色相／饱和度"面板，调整颜色倾向，就可以做出暗部色了。在画布上可以看到调整过程中颜色的变化，所以非常方便，如图2-18所示。调整"色相／饱和度"的方法后面会详细讲解。

固有色图层　　　　　　盖上暗部图层　　　　　将图层混合模式设为"正片叠底"

图 2-18

4. 变亮

　　"变亮"模式是场景绘画经常用到的图层混合模式。它的原理和"变暗"图层混合模式相反，即相互叠加的颜色，哪个明度高保留哪一个。当图层2色块的明度比图层1色块的明度高时，相交区域的颜色就会显示为图层2色块的颜色，看起来和"正常"模式的效果一样，如图2-19所示。

图 2-19

　　当图层2色块的明度比图层1色块的明度低时，相交区域就会显示图层1色块的颜色，如图2-20所示。

　　"变亮"模式非常实用。在画场景时，越远的物体细节越少，但大的明暗关系不会发生变化。那么如何在保持原有的明暗关系的前提下将细节减少呢？这时就可以在这个物体上方创建一个"变亮"模式的图层，并在图层中使用这个物体的暗部色进行绘制，弱化暗部细节，然后继续深入强化光影效果，就可以表现出画面的空间感，如图2-21所示。

图 2-20

图 2-21

　　创建变亮图层会将暗部的细节颜色转变为暗部整体色。这样既保留了原本画面的素描关系，又弱化了细节，而且看起来好像物体被拉远了一样，强化了空间效果。

5. 滤色

　　"滤色"模式的原理和"正片叠底"模式相反，但仍然是两个图层的明度相互叠加，不过混合后的颜色的明度会比任意一种颜色的明度都亮，如图2-22所示。但如果和黑色做滤色叠加，则不会产生任何变化。

图 2-22

"滤色"模式的使用方法也和"正片叠底"模式相反。例如，在配色时，可以用暗部色作为固有色，再新建一个"滤色"模式的图层画亮部，然后对亮部进行调色。但是有了正片叠底调色法，这个相反的方法就可以忽略掉，因为它们的效果是相同的。"滤色"模式更多是用来做泛光（受光表面的扩散光）。因为使用"滤色"模式会让亮色更亮，所以通常在滤色图层上，用"喷枪"工具涂一笔再调色，使画面有一种发光的感觉，如图 2-23 所示。

原图效果

滤色后的效果

图 2-23

6. 颜色减淡

"颜色减淡"模式是增加光感的常用模式，它用于使两种颜色相互叠加，产生非常强的提亮效果，如图2-24所示。其提亮效果是所有图层混合模式中是最强的。

在一张需要加光效的图上方新建一个图层，放入一张光效素材，将图层混合模式设为"颜色减淡"，可以将光效素材叠加在原图上，看起来就像是原图在发光，如图 2-25 所示。通常在绘画的后期处理阶段使用这个模式，可以快速提升画面质感。

图 2-24

原图效果　　　　　放入光效素材　　　　将图层混合模式设为"颜色减淡"

图 2-25

7. 叠加

"叠加"模式结合了"滤色""正片叠底"两种图层混合模式的效果。为了对比效果更明显，将原本图层 2 的色块关闭显示，新建图层 3，画两个不同明度的横条，如图 2-26 所示。

图 2-26

将图层 3 的图层混合模式设为"叠加"后，相交区域的横条明度都变低了，有一种变透明的感觉，如图 2-27 所示。也可以理解为叠加高明度色会让原图更亮，叠加低明度色会让原图更暗。

"叠加"模式可用于强化画面对比度。画完一张图，如果觉得某部分的对比度太弱，就可以使用"叠加"模式。在叠加图层画不同明度的颜色，或者叠加一层素材，然后对新加的色彩或素材进行调整、修改，如图 2-28 所示。这样可以使原图的对比度加强并丰富颜色的变化，还可以提升画面质感。

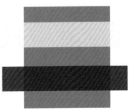

图 2-27

原图效果　　　　添加素材并用"叠加"模式　　　　修整素材

图 2-28

8. 色相

数码绘画将颜色分为色相、饱和度、明度三个值。利用"色相"模式，可以使两个图层颜色的叠加区域同时保留图层 2 颜色的色相和图层 1 颜色的明度，如图 2-29 所示。

图 2-29

9. 饱和度

利用"饱和度"模式，可以使两个图层颜色的叠加区域同时保留图层 2 颜色的明度和图层 1 颜色的色相，如图 2-30 所示。

图 2-30

10. 颜色

"颜色"模式综合了"色相""饱和度"两种模式的功能。它可以使两个图层颜色的叠加区域同时保留图层 2 颜色的色相和图层 1 颜色的饱和度，如图 2-31 所示。

"颜色"模式相比"色相""饱和度"模式更为常用。因为在绘画中，素描关系是绝对的，而色彩关系是可改变的，用"颜色"模式可以做出更多的色彩尝试。

图 2-31

2.3.2 图层上色、去色法

"设置图层的混合模式"下拉菜单中最下方的四个图层混合模式，分别是"色相""饱和度""颜色""明度"，它们经常被用于上色或去色。

1. 图层上色法

一般在上色时，或为画面后期增加颜色变化时，经常使用"颜色"图层混合模式。在画好素描关系的图层上方新建一个图层，将图层混合模式设为"颜色"，就可以随意上色而不破坏原图的素描关系了，这是上色的快捷做法，如图 2-32 所示。

只有素描关系的底图   加入固有色图层   固有色图层设为"颜色"模式

图 2-32

2. 图层去色法

在原图上方新建一个图层，将图层混合模式设为"色相""饱和度""明度"或"颜色"，用油漆桶填充黑色，被黑色覆盖的地方就会呈现出画面真正的素描关系，如图 2-33 和图 2-34 所示。

这种去色法相对于用快捷键"Ctrl+U"将饱和度降为零来说，会保留原本颜色的亮度，做出的效果更接近人眼看到的颜色，如图 2-35 所示。

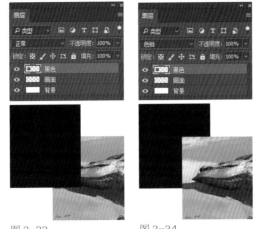

图 2-33　　　　　　　图 2-34

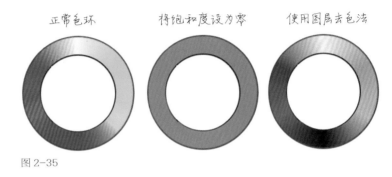

图 2-35

2.3.3　图层顺序与混合模式

"五步练习法"中将绘图分为五个步骤，除去需要整体调整的"刻画"步骤，其余步骤需要遵循图层顺序（根据风格决定需不需要白模图层）。这里可以概括地理解为每个步骤占用一个图层，排列顺序如图 2-36 所示。

将"剪影"图层放在最下面，作为"创建剪贴蒙版"的范围。剪影的上面从上到下依次是"线稿""光影二分""白模""固有色"四个图层。其中除了"固有色"图层以外，每个步骤只占用一个图层。在图层的混合

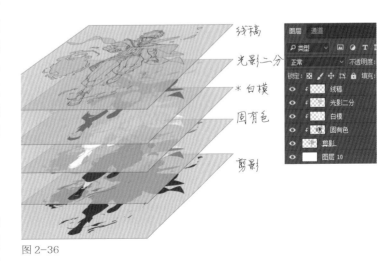

图 2-36

模式方面，除了"固有色"图层以外，每个图层的图层混合模式都设为"正片叠底"，方便后期调色，如图2-37所示。

"固有色"图层是由多个不同的色彩图层组合而成的。例如，图2-38所示的角色设计的固有色有7种（排除火球特效），分别是披风里面的"蓝色"、披风表面的"白色"、金属部分的"亮灰色"、裤子部分的"灰色"、上衣部分的"深灰色"、眼睛的"红色"，以及"皮肤色"。

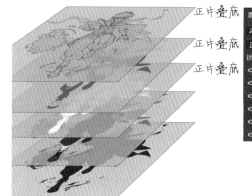
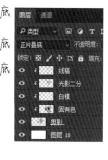

图 2-37

肥鹏提问

"固有色"为什么不用"部位"分层，而用"颜色"分层呢？

图 2-38

用颜色命名图层，是为了方便修改。例如，"白色"虽然是披风的表面色，但同时也是头发的颜色；"灰色"应用在披风的装饰和手腕的衣服上。如果按结构部位区分，就很容易多分出来很多图层，并且不利于调色。调色的思路是整体统一的，也就是在同一环境中（不考虑光的衰减），同样的固有色会由于环境的影响，产生相似的色彩变化。把相同的固有色分在一个图层中，既方便了后期调整修改，又基本符合颜色变化的规律，如图2-39所示。

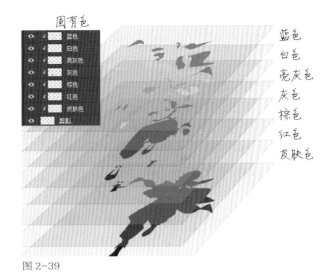

图 2-39

2.3.4 选区删减操作

固有色的上色也是有讲究的。首先，固有色不能有透明度变化，必须是实边、不透明度为100%的纯粹颜色。其次，固有色之间不能有相互交叉的区域。如果有交叉区域，会影响后续调色，所以在上色阶段就要把这种不确定性消除。

这时就需要用到"选区删减法"，该方法的效果如图2-40所示。

 肥鹏提问

怎么消除不确定性呢？难道要一层一层用"橡皮"工具擦吗？这太影响效率了！有没有快捷的办法呢？

图 2-40

披风的蓝色挡住了下面的白色。虽然看起来画面是没问题的，但是把蓝色图层的不透明度降低，就会发现蓝色图层和白色图层有很大一部分是重叠的。按住"Ctrl"键，单击蓝色图层的显示框，如图 2-41 所示。

此时蓝色图层内部所填充的颜色，就会形成一个选区。选中下面的白色图层，按"Delete"键就可以删除白色图层选区内的颜色，这样就删除了蓝色图层和白色图层之间交叉堆叠的颜色。如此反复作用于所有图层，就可以消除所有交叉区域堆叠的颜色。选区删减的效果如图 2-42 所示。

将所有固有色图层的堆叠区域都删掉，并保证每个图层上的颜色没有透明度变化之后，就可以调色了。

1. 按住"Ctrl"键
2. 单击蓝色图层的显示框

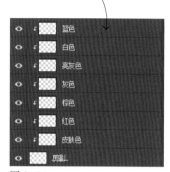

图 2-41

为蓝色图层做选区

图 2-42

删除白色图层中的颜色

 肥鹏有话说

以上是我在绘画工作中常用的技巧，对于大部分角色设计来说是适用的。大家要懂得，学习是伴随工作、生活的一个持续性状态。如果觉得学到一个阶段就可以停止学习，可能很快就会被淘汰，学如逆水行舟，不进则退，我们共勉。

第 3 章 图形与剪影

3.1 图形的语言

有时识别一个物体，第一眼就是看物体的轮廓，也就是物体的剪影。一个特征明显的剪影，会让人产生深刻的图形印象。久而久之，这种印象会变成一个符号，只要看到这个符号，就会使人联想到相应的物体。本节讲解图形语言的相关知识，包括用图形表达感情、三个基本图形、复合图形语言。

3.1.1 用图形表达感情

请大家猜猜图 3-1 所示的图案分别是什么？

图 3-1

好了，揭晓答案。答案是"牙刷""鞋子""望远镜""水壶""肥鹏"，如图 3-2 所示。大家是否答对了呢？

除了"肥鹏"之外，相信大家很容易就猜出了其他图案分别代表的是什么。因为这些物体的图形特征都是生活中非常常见的，所以它们很容易在大家的脑海中形成固有符号。即使在此基础上稍加改变，也不会影响判断。

图 3-2

在设计师眼中，图形不仅仅是图形，不同的图形会传达出不一样的"感情"。

例如，有人说："被岁月磨去棱角，人就会变得圆滑。"这句话本意是说，人在成长的过程中，经历的事情多了，会逐渐褪去年少轻狂，变得圆滑、世故。如果将这句话应用在角色设计中，就是容易和别人发生冲突的性格是"有棱角"的，不容易和别人发生冲突的性格是"圆滑"的。

提炼一下就可以得出：有棱角、尖锐的图形，可以表现出攻击性；圆润、无棱角的图形，可以表现出友好性。所以图形是有感情的，角色的性格和情绪可以通过身上的图形表现出来。假设红衣服的角色是公司的项目经理，左边是其在与甲方沟通的时候，右边是其在向公司新手发火的状态，如图3-3所示。

图 3-3

在与甲方沟通时的项目经理表现得谦卑、恭敬，组成角色的图形就以圆形偏多，且图形边缘尽量圆弧化，表现出顺从、无攻击性的感觉；在向公司新手发火时的项目经理表现得张牙舞爪，组成角色的图形大多变成了尖锐的三角形，甚至身边散发的气场也是由中心向外扩散的三角形组成的；右下角的新人虽然不耐烦但也要顺从的感觉，能够从组成角色的图形表现出来，如他的眼睛和眉毛是三角形，而其他部位则是圆形。

即使是在不知道人物身份的前提下，单凭组成角色的图形中尖角与圆弧的不同比例，也能感受到角色自身的情绪，所以说图形是可以表达感情的。

3.1.2 三个基本图形

绘画时基本都要先打草稿再进行细节绘制，这说明绘画中的细节都需要依附于一个"骨架"。用平面构成的知识理解绘画，即画面中的元素可以分为"点、线、面"三个层级，其中点是基本的构成单位，多个点按规律排列可以组成线，而多条线又可以组成面。面是点和线的载体，也就是说，点和线需要依附于面而存在。举一个简单的例子，如图3-4所示。

这个纽扣是由几个圆形构成的，可以将这些圆形分为三个层级：第一个层级，是外面最大的红色圆形；第二层级，是内部的黄色圆形；第三个层级，是四个蓝色圆形。

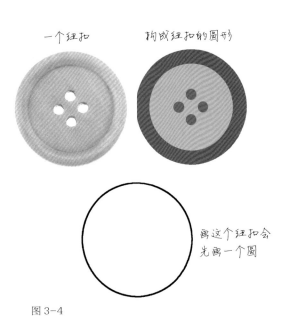

图 3-4

那如果画这个纽扣，应该怎么画呢？通常需要先画出圆形的轮廓，然后画内部的小圆形。由此可见，在画一个物体时会先确定这个物体的轮廓，也就是会画出它的"基本图形"，然后慢慢地增加它的内部细节。增加内部细节的过程，就是把基本图形"破开"的过程，让它从单纯的基本图形逐步变成复杂的目标物体图形。

绘画的步骤就是先画一个"基本图形"，然后在这个基本图形上做一些"变形"，让所画物体的轮廓脱离基本图形，使它逐渐变成最终想要画成的样子。

我们常见的基本图形有圆形、方形、三角形，如图 3-5 所示。

每一种基本图形都有自身的图形语言。圆形给人的感觉是活泼、圆润、无攻击性、有亲和力。方形给人的感觉是稳健、正直、古板、墨守成规。

图 3-5

三角形的图形语言会根据三角形的形态来定：正三角形会带给人一种牢固、稳定的感觉；倒三角形会带给人一种不安定、晃动、具有攻击性的感觉；细长的三角形更接近尖刺，会给人一种较强的指向性和攻击性的感觉。这三种形态的三角形如图 3-6 所示。

图 3-6

3.1.3 复合图形语言

生活中遇到的图形多是复合图形，即由几种基本图形相互融合衍生而成的图形。例如，"三角 + 方形 = 梯形" "圆形 + 三角 = 圆角三角形" "圆形 + 方形 = 圆角方形"，如图 3-7 所示。

而复合图形所代表的图形语言，是结合基本图形语言而成的

图 3-7

语言。例如，圆角方形既有方形的正直与刻板，又有圆形的圆滑。单纯的基本图形在实际的绘画中应用得比较少，应用得更多的是由基本图形衍生的复合图形。复合图形所表达的图形语言则是由构成它

的基本图形来定的。举个漫画对话框的例子，如图3-8所示。

正常叙事　　表现思考　　表现强烈情绪

图 3-8

正常叙事的对话框是由方形和圆形结合而成的，表现稳定而和缓的感觉；表现思考的对话框虽然也是由方形和圆形结合而成的，但思考时的状态会比正常叙事时表现得更平缓一些，所以圆形占比更多；表现强烈情绪，如惊叹、激烈的情绪使用的对话框是由方形和三角形组成的，对话框充满尖刺，表达出非常强烈的情绪。表现情绪复杂的人物时，也是同样的道理。

这两个角色的角度和表情都相同，不同的是组成左边角色的基本图形中三角形较多，组成右边角色的基本图形中圆形较多，如图 3-9 所示。尽管角度和表情都相同，但是由于构成角色的基本图形不同，两个角色给人的感觉完全不同。虽然都是反派形象，但左边的角色更像阴险狡诈的反派，而右边的角色更像是成事不足、败事有余的愚蠢反派。

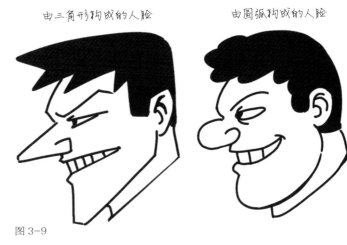

由三角形构成的人脸　　由圆弧构成的人脸

图 3-9

♡ 肥鹏有话说

认知图形，不要以"这是什么图形，有什么图形语言"来认知，而要以"这个图形比之前增加了什么，强化了什么感情"来认知。思考都有一个基础，而"如何在这个基础上进行变形和修改"才是学习绘画所需要考虑的事。

3.2 图形的形式感

形式感是人通过观察事物的外在形式，引发的一系列心理活动所获得的审美感受。而对于绘画来说，外在形式包括"图形搭配""色彩搭配""节奏"等。本节讲解"图形搭配"带来的形式感，包括形式感的概念和作用。

3.2.1 形式感的概念

前面讲到复合图形是由基本图形相互融合衍生的，这种图形的融合就是图形搭配。有些图形搭配给人们留下了深刻的印象，形成了固有符号，这种固有符号就是形式。

图3-10所示的图形分别表示什么意思，分别在什么场合出现，相信大部分人都了解。生活中这类图形几乎随处可见，人们已经潜移默化地接受了很多图形的含义。甚至在很多场合，这些图形可以替代文字，一看到它们，就知道它们的含义。这就是图形的形式感，即图形和语言含义已经连在一起了。

图3-10

说到五角星，大家脑海浮现的是图3-11所示的哪种形状呢？

尽管图3-11下方的图形也是五角星图案，但是大家通常想到的都是上方这个图形，而不是下方的图形。总而言之，形式感是印在人们认知中的东西。因为在无意识中看得多了，所以只要有相关的语言或含义出现，人们就会下意识地将图形和其表示的含义联系在一起。这种联系是不需要经过思考的，是潜意识中的联系。甚至连人们自己都不知道，原来自己潜意识里已经储备了这么多图形！

常会想到的五角星图案

不太会想到的五角星图案

图3-11

3.2.2 形式感的作用

做一个实验，将图3-12所示的服装分别分给三类人：喜爱健身的人、职场员工、学生。说出你的分配方案。

相信大多数人的分配方案是一样的：上方的背心分配给喜爱健身的人，中间的西装分配给职场员工，下方的运动服分配给学生。中间的西装分配给职场员工，是毫无争议的。虽然上方的背心和下方的运动服都可以分配给喜爱健身的人，但是根据日常生活中的见闻，大多数学校都会选运动服作为校服，而健身的人经常出汗，会选择穿得尽可能简单一些。所以将运动服分配给学生，背心分配给喜欢健身的人。

如果把分析思路写出来，会觉得有些复杂，但其实大多数人在分配的过程中，并没有在脑海中产生上述的分析思路。而是一看到服装的特征，就下意识地想到了穿这类衣服的人。也就是说，角色和服装是直接绑定的！图形的形式感直接绑定在人们的潜意识中，所以并不需要想如何分配服装，只需要依靠感觉，就能判断出来。

图3-12

形式感的作用就是依靠图形的搭配，使大多数人形成对图形的印象和认知。如果人们对这个图形的认知符合角色的职业或性格，那这个角色设计就是合理的。反之，如果图形的搭配方式不符合人们的认知，这个设计就是违和的!

3.3 图形的节奏与趋势

图形作为个体单独存在时有自身的语言含义，组合后的复合图形也可以表现出相应的形式感。当图形作为一个复杂设计中的局部细节时，不仅可以表现画面节奏，还可以起到引导视线的作用。本节重点讲解图形的节奏及其趋势的知识。

3.3.1 图形的节奏

节奏，可以说是画师们最常说却说不清的东西。因为它必须放在具体的画面中讲，很难单独拆出来分析。讲解节奏的概念，可以举个心电图的例子，如图 3-13 所示。

上面是正常的心电图，有节奏，有韵律的跳动，重复之中蕴含变化。下面是不正常的心电图，没有节奏，只有一条平缓的直线。上面的心电图会让人觉得很有生命力，而下面的心电图会让人觉得死气沉沉。节奏就是这样的东西，它有相同之处，也有变化。在规律中变化，就是节奏。

如果要把图 3-14 所示的石头墙画出空间感，该如何画呢?

如果用过渡的画法，这个石头的过渡感并不强。如果用明暗关系的画法，这个石头的明暗变化也不多。当这两种方法都不好表现画面的时候，可以尝试用石头本身的轮廓图形进行排列，效果如图 3-15 所示。

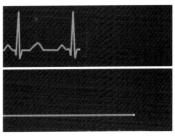

图 3-13

图 3-14

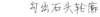
原图   勾出石头轮廓   线稿呈现透视关系

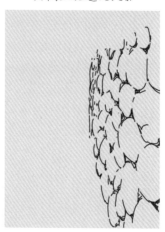

图 3-15

单独看右边的线稿，就能感受到空间由近处推向到了远方，也就是透视中常说的"近疏远密""近大远小"。远处的图形排列得更密集一些，单个图形的面积较小；近处的图形排列得更稀疏一些，单个图形的面积较大。

但是，想做到这样并不容易。因为从近处的"大"图形排列到远处的"小"图形，要经过逐步缩小的过程，需要遵循一定的规则。如果既想遵循规则，又想表现图形的节奏，就需要使图形在变化中统一。也就是每个图形都是不一样的，但整体看来符合"近大远小"的规则。也可以理解为，图形在统一中变化，所有的图形组成了整体轮廓类似梯形的图形，但每个图形的轮廓又是不一样的。

综上所述，整体统一又不缺乏自身变化的图形，就是有节奏的图形。

在做角色设计时，该怎么表现图形节奏呢？举个例子，图 3-16 中的左边是参考图，中间和右边分别是两个学生的作业。

参考图   图形节奏较平均   图形节奏稍好一点

图 3-16

从整体感觉上也能感受到右边的角色设计的图形节奏好一些。中间的角色设计图形节奏比较平均，裙摆到靴子上边缘的距离和靴子的长度相似，裙摆上的褶皱宽度很接近，人体动态感也不明显。而右边的角色设计中，就避免了这样的问题，角色身上相同宽度、长度的图形比较少，人体的动态感觉也更加明显。经过对比就会发现，右边同学的图形节奏的意识更强，他所设计角色的图形节奏符合"在统一中变化，在变化中统一"的规则。

3.3.2 图形的趋势

图 3-17 所示是我之前做的一张角色设计，虽然没有做细节刻画，单从图形设计和色彩搭配来看，也是比较舒服的。这张图包含了很多图形趋势引导视线的知识点。

图 3-17

通常分析一个角色设计的设计点，可以先忽略头部。因为在角色设计中，头部是一个设计点。人在观察角色或动物时，肯定会观察其头部。从角色整体来看，会产生这样的感觉：无论先看身体的哪个部位，视线都会被引到附近图形较为密集的地方，也就是附近的设计点。是什么将视线引到设计点上的呢？答案是设计点周边的图形。当图形具备引导的趋势，就可以起到引导视线的作用。

将角色去色之后，单看角色的黑白灰关系，就会有一种角色腰部以下的图形都收束到腰部的设计点 3 上的感觉。而看完设计点 3 以后，眼睛又会被带向设计点 2，再由设计点 2 看向设计点 1，如图 3-18 所示。

这里的收束或发散，其实都是相对的。也可以从上半身往下看，先看到头部、人物左侧的胳膊，之后看向设计点 1，再由设计点 1 向下移动看到设计点 2，再看到设计点 3，最后在设计点 3 处将视线分散到下半身的图形设计。

将这个角色设计做成剪影时，大家的着眼点应该是 B、C、D、E 或旁边的飘带。最后，视线就会根据剪影图形的引导，转移到 A 附近，如图 3-19 所示。

图形趋势引导关注路径

去色后的效果

图 3-18

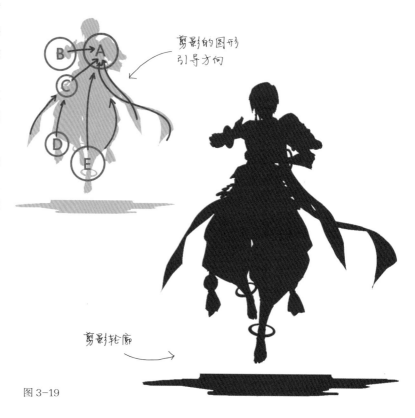

剪影的图形引导方向

剪影轮廓

图 3-19

由此可知，剪影的视线引导方向和图形趋势的视线引导方向基本是一致的。剪影整体图形的引导方向是由外向内的，并且引导视线的图形的大小、方向都不一样。也就是各自不同的图形在构成剪影的前提下，完成了统一方向的视觉引导。

··· 小贴士

通过这个角色设计，大家也可以分析我做角色设计时所用到的图形。我做设计时喜欢使用三角形和三角形衍生的复合图形组合画面。因为三角本身就是有很强指向性的图形，也容易表现结构。使用三角形是我的绘画习惯，大家也可以寻找自己善用的图形，长期保持就能形成自己独特的设计风格。

3.4 剪影塑造

剪影的塑造离不开前面讲到的图形知识，剪影是更为复杂的图形。只有掌握了图形的语言、形式感、节奏与趋势，才可以在设计剪影的时候，将图形的知识综合运用到剪影中。本节讲解提高剪影辨识度和绘制剪影的方法。

3.4.1 提高剪影的辨识度

有辨识度的剪影，可以让人一眼就识别出它的身份。例如，"哆啦A梦"又被称作"蓝胖子"，提到"蓝胖子"，大家对"哆啦A梦"的印象就更深刻了。因为这三个字提到了两个重要信息：第一个是颜色，第二个是图形。

通常人们观察一个物体，得到的第一个信息就是颜色，如"蓝天""白云""红日"等。大家可能觉得这是司空见惯的说法，但如果尝试用图形获取第一个信息，那么这几个词可能就变成了"宽天""团云""球日"，是不是感觉怪怪的？在"蓝胖子"这个词中，提取的第二个词"胖子"，其实就是图形信息。想到"胖子"这个词，脑海里就会产生"圆滚滚""可爱"的形象。

如果在看漫画、玩游戏、看动画时留意角色设计、角色的剪影特征，有了足够的积累，在创作角色的时候是很容易设计出有特征的剪影造型的。但也不是所有的角色剪影都有学习的价值，如我从老游戏设计中挑出的一些剪影，如图3-20所示。

图 3-20

大家也许会以为这些剪影是同一个游戏中的，或是同一个角色的不同套装。其实不是，这些是早期不同游戏中的角色。为什么明明是不同游戏中的角色，却给人一种雷同的感觉呢？早期的游戏角色设计，身上除了尖刺就是花纹，虽然看起来很复杂，但几乎没什么让人印象深刻的特征，而且做的设计辨识度低，所以参考价值不大。

图 3-21 所示是我设计的 14 个角色的剪影。

图 3-21

我缩小剪影的目的就是让大家不要在意细节，多看剪影整体的图形特征。即使是小图，也可以看出每个角色各自的特征，几乎没有两个角色的剪影特征是雷同的。由此可见，在设计剪影阶段就需要想好，怎样才能让设计的角色具备辨识度。以游戏职业的角色设计为例，角色的职业特征和他的剪影相互绑定，在一些特定的职业中，剪影设计也有一套思维定式。

如果把图 3-22 所示的剪影按照"战士""法师""刺客"的顺序排列，该如何排列呢？

图 3-22

显而易见，左边的是战士，中间的是法师，右边的是刺客。那么，为什么能如此直观地辨识出他们的职业呢？这是因为这三种职业的剪影特征都有一定的特性。

战士的剪影，更倾向于表现出上半身充满力量、臂膀强有力的感觉，所以对胸口和肩膀部分会重点进行夸张化处理，也就是加大、加宽，使得角色看起来能够挥舞十分沉重的武器。

法师的剪影，更倾向于表现出宽大的衣服下摆。法师一般是充满智慧的角色，在角色背景故事中，有较高智慧的角色一般不会做大幅度动作，所以他们的衣服偏向于宽袍大袖，站起来以后会有较为宽松的下摆。

刺客的剪影，更倾向于表现出其身形的修长、轻巧。由于刺客和战士不同，经常会有攀爬、跳跃的动作，因此穿着以轻巧、修身为主，凸显刺客身材修长、性格干练的感觉。并且在游戏中，一般会给刺客型角色戴一些围巾或者头饰类的东西，以增加行动时的动感。

如果用图形比喻，战士的剪影像"T"形，法师的剪影像三角形，刺客的剪影像菱形，如图3-23所示。通过图形来看，角色的特征就非常明朗了。

图 3-23

大家可以将剪影的设计理解成"剪纸"。如果想做一个战士的剪纸，可以先剪出一个"T"形的纸片，然后将四肢和头部的轮廓剪出来。当大的轮廓剪好之后，在此基础上做一些小的剪裁，就不会破坏战士的基本形态。

这种"剪纸"的思路，就遵循了"在统一中变化，在变化中统一"的图形节奏规则。在一个完整画面中，将作用于一个大图形中的一系列规则，同样作用于下一个层级的小图形中，仍然完全适用。按层级将统一的绘画规则分布到画面中所有的图形层级中，这样的方式就叫分形。

💬 小贴士

分形是一个几何学的术语，原本指的是"一个粗糙或零碎的几何形状，可以分成数个部分，且每一部分都（至少近似地）是整体缩小后的形状"。可能说起分形有些拗口，我也没有特意对其下定义。只是在我所有的绘画过程中，都会用到这个理念。在这里提出分形，是为了增加大家对绘画思维的理解。学习分形的思路，其实就是学习处理小细节的思路，在画整体的时候同样适用。这种思路可以贯穿绘画始终，在后面的知识讲解中，也会多次提到。

3.4.2 剪影的绘制方法

在实际的画图中，首先需要新建一个画布，那么画布要多大才合适呢？其实没有一个非常明确的规定要建多大的画布，一般来说，宽度和高度控制在 3000 像素 ×3000 像素以内就可以了。分辨率默认是 72 像素 / 英寸，适用于一般练习，如图 3-24 所示。

有的同学觉得画布小了会画不出细节，其实这个想法是错误的！并不是画布大能画的细节就多，细节是通过图形对比产生的。早期的一些像素游戏，哪怕是几个像素点组成的小图形，都可以做出很多细节。游戏《恶魔城：被夺走的刻印》的截图如图 3-25 所示，其便包含了很多细节。

图 3-24

图 3-25

游戏《恶魔城：被夺走的刻印》截图

新建画布之后，需要在背景图层上新建一个图层画剪影。有的画师会直接在背景图层上画图，对于数码绘画来说，这并不是一个好习惯。因为直接在背景图层上画，不方便后期修改。画剪影使用的笔刷，可以用系统自带的"硬边圆"笔刷，它没有压力和透明度变化，如图 3-26 所示。

画笔菜单栏里的"不透明度""流量"要维持在 100%，并且将"始终对'不透明度'使用'压力'。在关闭时，'画笔预设'控制压力""启用喷枪样式的建立效果""始终对'大小'使用'压力'。在关闭时，'画笔预设'控制压力"按钮保持在关闭状态，

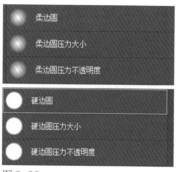

图 3-26

如图 3-27 所示。

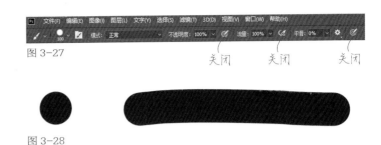

图 3-27

使用"硬边圆"笔刷画出的点、线，如图 3-28 所示。

图 3-28

可能有人觉得用这个笔刷画出的线缺乏活力，但其实除了刻画细节以外，在其他步骤中都可以用这个笔刷。而且在画剪影这一步时，大家也需要用同样笔刷大小的橡皮进行修改。

一例
通理

选好笔刷后，开始正式绘制。

01 先画草稿。在草稿阶段可以将剪影和线稿结合在一起思考。我想做一个"T"形的剪影，所以让角色身上穿一件可以飘动的披风，如图 3-29 所示。

图 3-29

02 将整体的造型定下来以后，
接下来会精细地修改。因为
在画第一版草稿时基本不考虑角色结构
的合理性，所以我习惯在画第一版草稿
时用图形尽可能地将设计夸张化。然后
画第二版草稿时修改内部结构，让角色
结构变得合理，如图 3-30 所示。

图 3-30

图 3-31

03 将结构修改得合理一些以后，
我会将两版草稿进行对比。
因为第二版草稿是将第一版草稿比较夸
张的造型做了合理化修改，势必会削弱
原本的图形表现力。这时把角色的身体
单独画出来，以强化造型的整体性。只
有角色的图形表现力强，搭配衣服的效
果才会好。所以先将人体动态画出来，
再根据动态修改剪影，如图 3-31 所示。

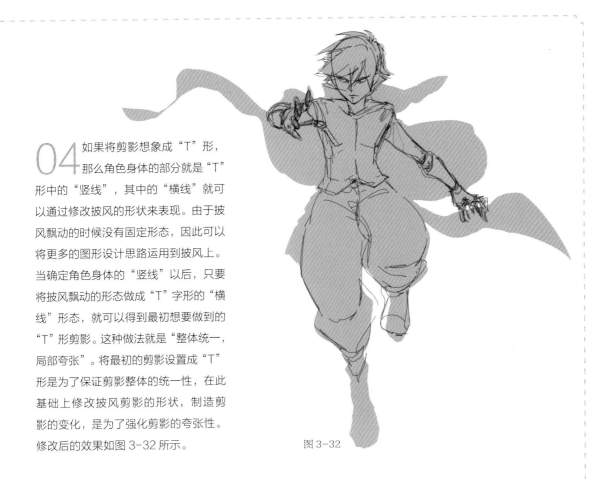

04 如果将剪影想象成"T"形，那么角色身体的部分就是"T"形中的"竖线"，其中的"横线"就可以通过修改披风的形状来表现。由于披风飘动的时候没有固定形态，因此可以将更多的图形设计思路运用到披风上。当确定角色身体的"竖线"以后，只要将披风飘动的形态做成"T"字形的"横线"形态，就可以得到最初想要做到的"T"形剪影。这种做法就是"整体统一，局部夸张"。将最初的剪影设置成"T"形是为了保证剪影整体的统一性，在此基础上修改披风剪影的形状，制造剪影的变化，是为了强化剪影的夸张性。修改后的效果如图 3-32 所示。

图 3-32

05 修改之后，乍一看好像没问题，这时就需要水平翻转画布检查一下。将画布水平翻转以后，会发现左右两边的图形有些失衡。翻转后左边图形的面积太大导致画面重心偏左，于是我将角色抬起的胳膊和披风的形状再次进行了调整，如图 3-33 所示。

原图　　　　　　　　水平翻转后　　　　　　　　调整了姿势与剪影轮廓

图 3-33

06 调整后再把画布水平翻转，效果如图 3-34 所示。

07 画好的剪影只是一个简单的穿着披风的角色，并没有特别之处。这时就需要增加一些使画面更丰富的元素。我想设计的是一个可以操控灵魂的法师，那么可以在角色旁边加一些火焰，增加角色的合理性。于是我在角色左侧画了一些球状图形，又在角色周围画了一些线状图形。这样一来，剪影的特征就很明显了。而且，火焰的位置正好在披风下面，填补了这一侧剪影空缺，平衡了画面。而周围环绕的线状图形，让角色有了动感和更强的空间关系。至此完成了最终的剪影效果，如图 3-35 所示。

图 3-34

图 3-35

一开始设计的"T"形剪影，现在看来可能不太明显。经过后期修改，原本"T"形的横线是由披风构成的，现在变成了由披风和火焰共同构成。在设计中我也在一定程度上改变了之前的想法，但最后整体仍然是"T"形。而且由于火焰的存在，"T"形横线部分的剪影特征更加明显了，这也符合"整体统一，局部夸张"的规则，如图3-36所示。

图3-36

回顾绘制剪影的整个过程，会发现最终的剪影呈现效果与最初的草图效果在整体感觉上是一致的。在保留最初设想的动态感觉基础上，逐步使剪影的造型更加合理化，使真实与美观达到平衡。这种实时的变化和调整会贯穿绘画的始终，以不断地让笔下的角色在美观的前提下更合理，在合理中让设计更加美观。此例中剪影设计的整个过程如图 3-37 所示。

图 3-37

第 4 章

线稿与
设计

4.1 线的形式与作用

很多人认为要画好线稿，只要画的线条足够流畅就可以，所以他们花了很多时间去练习画线。其实线条的顺滑流畅是表象，想要画好线稿，理解如何用线条把图形的变化表现出来才是重点。本节重点讲解线的形式与作用，带大家了解 C/I 形线、翻折与夸张，以及翻折与夸张的作用。

4.1.1 C/I 形线

大家如果跟我一样是自学绘画的，那么基本的绘画启蒙大概就是涂鸦与临摹了。在这个过程中，用线条画图应该就是大家最习惯和常用的方式。我高中时在笔记本封皮后面画的《火影忍者》中的大蛇丸如图 4-1 所示。

为了方便理解，我把线条分为"C 形""I 形"两种。简单地说，就是"曲线""直线"。可能有同学不解，为什么不直接说曲线和直线呢，不是一个意思吗？接下来就讲一下区别，举个例子，如图 4-2 所示，这是一个完全零基础的同学在上课一周左右时画的图。

也许有同学觉得他画得还可以，我们具体分析一下它的问题在哪里。仔细观察会发现，这个人物的全身出现了很多像腰部这样长度相当的线，如图 4-3 所示。

图 4-1

图 4-2

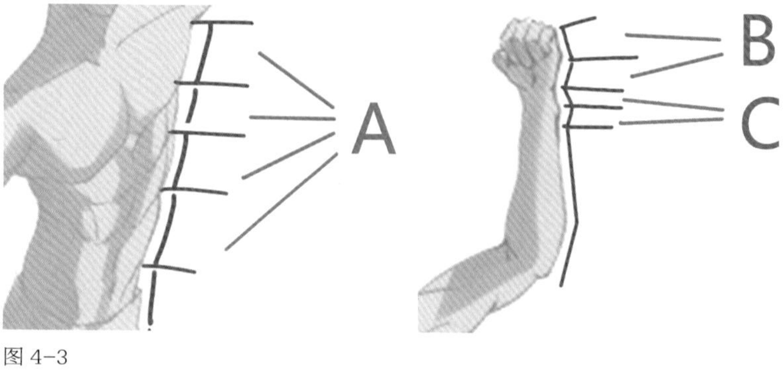

图 4-3

其中 A 组线条代表躯干的轮廓部分，将这部分线条拆解以后，会发现有四条线条的长度非常接近，我将这种现象称为"线的长度平均"。"平均"是绘画时不应该出现的问题，它代表没有节奏变化。除了 A

组线条以外，手臂上的 B 组和 C 组线条也几乎是等长的。很多同学都会犯这个错误，其实习惯把线条画得平均，说明他们缺乏线条相关的知识。在学习了线条的知识后，这位同学通过练习，可以轻松画出图 4-4 所示的作品。

图 4-4

这幅作品虽然仍有瑕疵，但比起之前已经好很多了。那么他的作品进步在哪里呢？很明显，就是人物身上几乎没有出现长度平均的线条组，并且他很好地使用了"C 形""I 形"线。人物轮廓大多由直线构成，也就是"I 形"线。在刀柄和腰带上，用了较多的弧形线，也就是"C 形"线。

"C 形"线和"I 形"线指的并不是线本身必须是像字母一样的造型，而是为了方便大家记住，绘画要使用非常明显的"弧线""直线"，千万不要用太多模棱两可的线，这样会降低画面的表现力。当然，也可以将两种线组合使用，例如，可以将两个"C 形"线正反组合，形成"S 形"线，再加入"I 形"线，可以形成"8 形"线。

♡ 肥鹏有话说

兴趣是最好的老师，如果喜欢画画，无论起始条件如何，都会乐在其中，在摸索中慢慢进步。

4.1.2 翻折与夸张

很多同学容易在练习的过程中陷入瓶颈，觉得自己画得不出彩，也找不到解决的方法。图4-5所示是某个学生的画。

其实这幅画的问题就是造型太普通了，人物看起来比较呆板，如果要改，不太容易，可能需要重画。这里只改动一点裙摆的形态，如图4-6所示。

图4-5

图4-6

原本的裙子是垂着的，像一个平面，没有立体感。我将裙摆改成微微飘起的状态，就使裙子有了立体感和动感。这种改动，其实是运用了"翻折"的画法。线条平均、没有翻折，是导致人物造型普通的原因。那么，具体要怎么画翻折呢？以插画师 Baseness 的插画作品举例，如图4-7所示。

图4-7

日系作品由于风格的关系，需要用翻折来表现物体的体积与结构，所以日系画师很擅长翻折的画法。图 4-8 中女孩的头发就是运用了翻折画法而得到的。

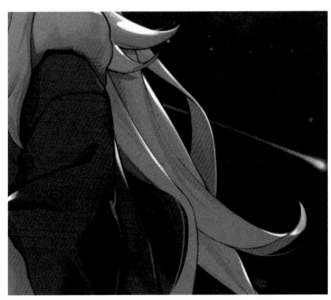

蓝色部分是头发附近比较明显的翻折结构

图 4-8

在日系绘画中，一种固有色会划分出亮部和暗部两种调子，过渡比较少。所以为了强化画面效果，画师会把更多的精力用在图形的变化中。翻折就可以很好地将单一的图形复杂化。

举例来说，将一张纸平放在画面中，无论如何增加细节，它都是一个平面。但如果将这张纸吹起来，它就会露出反面，面的数量增加了，就多了可塑造的空间。平面的纸和翻折的纸相比，一个是二维，一个是三维，空间维度是不同的。单从线稿上来说，翻折可以产生更多"C 形"线和"I 形"线的变化，从而增强画面的表现力，如图 4-9 所示。

也许有人会说，有些场景没有空气流动，物体是没有翻折变化的。这就要说到"夸张"的手法。在绘画创作中，并非真实的就是美观的，画师需要主观地进行夸张处理，才能让画面更具表现力。翻折与夸张往往是并存的，它们都是为提升画面表现力服务的。

综上所述，当能够控制的只有线条时，使用翻折和夸张，可以让画面的表现力有质的飞跃。掌握了翻折和夸张的用法，大家的设计才会越来越有灵性、越来越出彩。

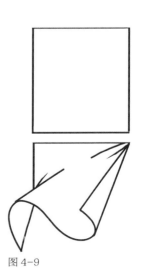

图 4-9

4.1.3 翻折的夸张作用

在做了翻折后，原本的平面图形会变为立体图形。而这只是个开始，因为线稿完成后还要进行上色、刻画光影和处理细节等步骤。因此，线稿的任何一点细节改动，都会对后续作品呈现出的效果产生影响。

依旧用这张纸举例，给这张纸添加固有色，让纸的正面是浅灰色，背面是粉色，如图 4-10 所示。

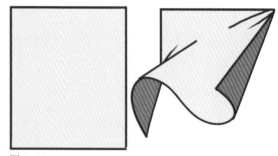

图 4-10

左边的纸只展示了一个平面，所以只能展现一种颜色。而右边的纸由于产生了翻折，背面的颜色也可以展现在画面中，从固有色上就比左边的纸丰富一些。除去颜色，光影也可以丰富画面，如图 4-11 所示给这张纸设定一个右上方的光源，画面就变成另一种效果。

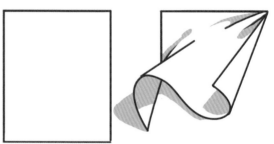

图 4-11

光影的增加，会使原本立体结构较多的物体产生更加丰富的明暗变化。如图 4-12 所示，右边的纸产生了很多光影，增加的光影会强化体积和空间，提升画面表现力。而左边的纸，由于没什么结构变化，即使能够产生一点光影，也看不出什么变化。

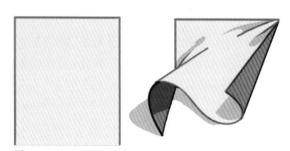

图 4-12

每种固有色在光影的影响下，都可以产生明暗变化。固有色和光影结合，会产生新的色彩。如图 4-13 所示，右边的纸原本有两种固有色，结合光影就能产生四种不同的颜色。所以结合光影，可以增加颜色数量。如果再把高光加进去，增加的颜色数量就会更多。

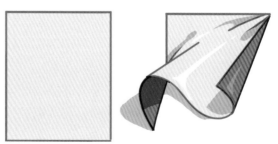

图 4-13

左边平面的纸由于没有体积和空间，会直接缺失三种调子。这里还没有强化明暗交界线，也没有加入反光。当然这只是翻折对表现力方面的影响，其还会对其他方面产生影响。例如，后期还可以将反面画上花纹，反面纸露出的一角，会让读者产生"到底背面有什么"的好奇心。也就是说，在绘画前期平面图形的劣势并不明显，但随着绘画的深入，加入各种调子、细节，平面图形的弱势会变得越来越明显。

 肥鹏有话说

有很多同学喜欢把画面刻画完整后再给老师看哪里有问题。他们没有意识到线稿如果有问题，后面的步骤都等于白做，想通过调整一两个地方改正问题几乎是不可能的，往往只能重画。即使老师勉强帮他改画，修改效果也是很差的。所以绘画不要急于求成，要把基础步骤做好，成图的效果才会好。

4.2 用线稿表现空间和体积

线稿是所有绘画步骤中涉及的知识点最多的。作为一幅画的基础，线稿必须准确且富有表现力，才能让后续的绘画顺利进行。绘制线稿时，通过处理结构不仅可以表现物体的体积，还可以表现两个物体之间的连接方式。本节讲解空间和体积的概念，以及用线稿表现空间和体积的方法。

4.2.1 空间和体积的概念

"空间是体积的内部，体积是空间的外部"，举个快递箱的例子，如图 4-14 所示。

从外面看，这个箱子是个立方体，它呈现出的形态就是它的体积。打开箱子，有只宠物钻进了箱子，这个箱子相对于宠物来说，就是一个空间。箱子的外表面就是体积，箱子的内部就是空间。这就是所谓的"空间是体积的内部，体积是空间的外部"。

上一章简单提过分形的概念，其实理解空间和体积，也会用到分形的思路。有些人刻画细节时，会根据所画部位的面积而选择不同的画法。按分形的思路来说，刻画就是把画布放大，然后把每个结构当作一个新的空间，在里面继续增加内部结构。也就是将某个局部当作新的整体，用同样的手法再画一遍，这样的过程能无限重复下去。

图 4-14

4.2.2 用线稿表现空间和体积的方法

在之前的漫画中，大家应该仅通过线稿，就能看出物体的形态和遮挡关系，这就是在用线稿表现体积和空间。画一个未开封的箱子就是表现它的体积，在箱子里面画一只猫就是表现它的空间。那具体怎么用线稿表现空间和体积呢？

图 4-15 所示的 A 和 B 分别是将两个立方体线稿擦去一部分得到的图形。那么哪个更容易让人一眼看过去就确定它是立方体呢？

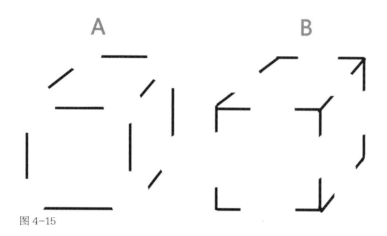

图 4-15

答案是 B，因为只要将相邻的两个端点进行连接，使其形成完整的图形，B 就是立方体，而 A 很容易连成其他样子，如图 4-16 所示。

其实这和人眼的补偿机制有关，下面通过一个小实验来进行说明。

如图 4-17 所示，当人眼顺着左边的红色箭头向右看时，视线不会停止在"1"代表的紫线上，而是会向右偏移，在"2"附近停留。假设"2"是一个设计点，人眼会顺着右边的蓝色箭头看向下一个位置。这样就可以用"点、线"的形式将观者的视线引导到画师想要突出的设计点位置。

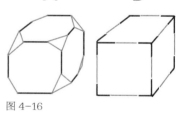

图 4-16

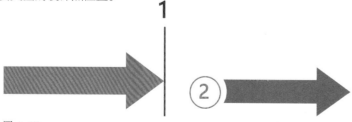

图 4-17

回到开始的例子，A 中擦掉的部位是"转折点"，也就是前面提到的"2"的位置。如果人们在线的尽头没有看见终点，就不知道接下来该向哪个方向看。而 B 中擦掉的部位是"过渡"，也就是每条线中间的部位。B 的端点就像是箭头，会引导视线补偿出被擦掉的部分。所以 B 有一种"整体"的感觉，A 就会让人感觉"形有点散"，如图 4-18 所示。

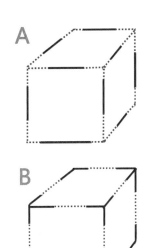

图 4-18

所以在画线稿的时候，有经验的画师会下意识地在边缘结构处强化转折点，也就是加重转折点，以强化结构和引导方向。举个日本漫画家村田雄介速写练习的例子，如图 4-19 所示。

图 4-19

在速写原稿中，有很多刻意加重的点和线。将这些点、线提取出来，与之前角色的剪影叠加在一起观察，会发现仅仅是这些点、线配合剪影，就能大致表现出剪影内部的体积与结构。所以在画线稿时如果有意识地使用这种思维进行练习，就可以轻松地用线稿表现出体积关系。

那么，这种强化转折点的方法可以表现出空间关系吗？答案是可以的。举个例子，我和一名学生分别对画师 Baseness 所画的角色"龙胆尊"做提取线稿的练习，描图 A 是学生的练习作品，描图 B 是我的练习作品，如图 4-20 所示。

可以看出，描图 A 与描图 B 虽然是同一个人物的线稿，但感觉完全不同。描图 B 看起来更加稳重，因为描图 B 强化了转折点，给人感觉线条加重的地方是凹进去的，未加重的地方是鼓出来的，这就使结构与结构之间的空间关系加强了。将两幅线稿分别叠上颜色，可以感觉到描图 B 体积感更强一些，而描图 A 有点单薄，如图 4-21 所示。这就是强化转折点的重要性。

总结得出，想要用线稿表现空间和体积，最重要的是学会强化转折点。把结构凹点的线稿加粗、加重，并把结构鼓点的线稿画细或断开，这样就可以用线稿表现空间和体积了。

图 4-20

图 4-21

4.3 设计中的形式与元素

线稿的最终目的是用线表现图形，完成设计。所以在线稿阶段就要考虑好设计的细节，为最终设计定好框架。本节讲解线稿的细节设计，包括形式和元素的概念、元素与形式的结合，以及替换元素的方法。

4.3.1 形式的概念

看到图 4-22 所示的图像，你能想到什么？

大多数人会想到蜡烛。可能有人会想到鞭炮，但是明显鞭炮留给大家的印象不是这样的。蜡烛的光是柔和的，而鞭炮燃烧、炸裂的光是尖锐、刺眼的，如图 4-23 所示。

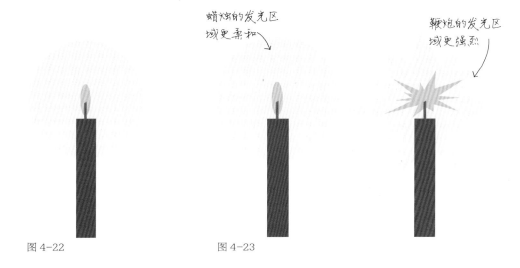

图 4-22   图 4-23

那为什么看到这种图形和颜色的组合，就能想到蜡烛呢？那是因为日常生活中见到的蜡烛差不多都是这样的，如图 4-24 所示。久而久之，大脑就会将蜡烛的形象概括成图形组合，形成固有印象，所以每当看到这种图形和颜色组合在一起，人们就会想到蜡烛。而这种固定的图形组合，就是形式。

图 4-24

4.3.2 元素的概念

形式是判断一个物体是什么的关键依据。当人们看到由红色方块和黄色圆形的图形组合之后，就会下意识地认定，这个图形组合表达的是蜡烛。想到蜡烛的形象之后，就会延伸想到蜡烛的含义。一直以来，蜡烛向人们传递的感受都是"牺牲自己，照亮他人"，所以每当看到蜡烛的时候，潜意识中就会浮现出神圣、伟大的感觉。当我们想要表达某种神圣伟大的形象时，如老师、医生、领袖等，也会用蜡烛去形容。

所以"蜡烛""红方块配黄圆圈""牺牲自己，照亮他人""神圣伟大""老师、医生、领袖"这些意识会在脑海中连起来，形成一个闭环，想到其中一个，就会联想到其他的。

既然通过形式就可以让人联想到其代表的含义，那如果在其他物体上使用蜡烛的形式，会产生什么样的效果呢？例如，设计一个搭配蜡烛形式的人物形象，如图 4-25 所示。

可以看出，新设定的形象也被赋予了蜡烛的含义，给人一种神圣伟大的感觉。既然"红方块配黄圆圈"是蜡烛的形式，那么套用这个形式的物体就是元素。所以可以认为，这个角色设计是由蜡烛的"形式"结合"人"的元素所产生的新形象。

图 4-25

4.3.3 元素与形式结合

如果将设计分为两部分，那么一部分是形式，另一部分是元素。已知形式是固定搭配，而元素是物体本身，那么做设计其实就是在做两件事，过程如图 4-26 所示。

（1）将元素 A 以"图形 + 颜色搭配"的方式，提取出形式；

（2）将提取出来的形式，与一个新的元素 B 融合。

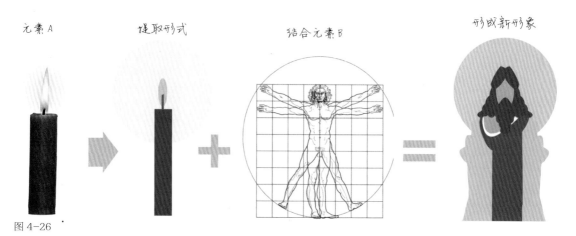

图 4-26

其实生活中的每个元素都有自身的形式，而将形式与元素剥离再重组，就是设计师需要做的工作。下面举个例子进行说明。

如图 4-27 所示，或许有人会觉得左边的老虎毛茸茸的，有点可爱，但不可否认这三种生物都是危险的。它们在外形上有一个共同的特征，就是都有黄黑相间的条纹。有种说法，这种黄黑相间的色彩搭配形式被人类祖先认为是一种危险信号并记忆下来，这种记忆在人类的演化过程中逐渐成为一种本能，

老虎　　　　　马蜂　　　　　箭毒蛙

图 4-27

一旦视野里出现这种形式，就会引起人的注意。所以在设计"危险"或"注意"的标识时，就采用了这种黄黑相间的形式，如图 4-28 所示。

图 4-28

当然类似的例子还有很多，如人为什么往往会觉得红色比绿色更醒目呢？这是因为一些果实不成熟的时候是绿色的，一旦成熟就会变为红色。人为了辨识出绿色树木中的红色果实，就形成了这样的视觉习惯。当了解了人识别不同形式的原理后，这种形式的素材积累完全可以在日常生活中完成！这样一来，在日常生活中，就可以积累到很多形式和元素。当积累充分后，绘画只是辅助设计、完成形式结合元素的手段而已。

♡ 肥鹏有话说

设计师厉害的地方，不在于他们有多么强的个人风格或技法，而是他们有深厚的积累。他们善于积累各种形式和元素，当需要表达某种主题时，会直接调出与主题相关的形式和元素，然后将它们巧妙结合。同理，绘画并不是靠技法就能画好的，它需要更多的积累、理解与感悟。

4.3.4 替换元素

想好了用什么形式表现作品之后，接下来要做的就是用合适的元素来套用形式，也就是替换元素。

回到 3.4.2 节的角色剪影设计中，完成后的剪影如图 4-29 所示。

图 4-29

接下来，就需要用到本章讲到的线稿知识结合形式与元素的设计知识，细化剪影内部的线稿设计。

之 前设计剪影时，就曾用线稿概括地表现出内部的结构，所以可以看出大概的人物动态造型和服装搭配，如图 4-30 所示。

图 4-30

设 计好人物动态造型之后，可以找一些服装搭配参考，然后根据参考，设计贴合当前人物职业、性格的服装。我预想的人物时代背景是文艺复兴后的欧洲，很多幻想类游戏的时代背景都取自这一时期。接下来要做的就是找到符合剪影感觉的参考，再进行合理的设计搭配。为此，我找了游戏《刺客信条——大革命》的角色设计作为参考，如图 4-31 所示。

图 4-31

考虑到原本的剪影设计，
我参考了三个部分：

（1）法师披着披风，和图
4-31左图的感觉较接近，所以
参考了左图披风的设计；

（2）我想要法师穿的坎肩
和裤子有一些英国贵族的感觉，
和中间图片的感觉较接近，所以
参考了中间图片坎肩和裤子的
设计；

（3）当时的贵族非常喜欢
穿白袜子配黑鞋，和右图的感觉
较接近，所以参考了右图袜子和
鞋的设计。

根据以上的参考，画出了
第一版线稿，如图4-32所示。

图4-32

4.4 线稿的疏密节奏

在线稿设计中，疏密节奏也是设计师必须考虑的一个因素。在第3章讲过图形的节奏和趋势，而线稿的疏密节奏与图形的节奏和趋势息息相关。本节将重点讲解线稿的疏密节奏，以及调整线稿疏密节奏的方法。

4.4.1 疏密节奏

人的眼睛很神奇，在观察物体时容易被结构复杂的部位吸引。在一个画面中，哪里的图形结构更密集，哪里就容易吸引人的视线。所以这张石膏像吸引视线的部位应该是头部，而观看顺序大致为脸部、头发、耳朵、锁骨。除了这些部位以外，

肥鹏提问

当大家看到图4-33所示的石膏像的线稿时，会先看哪个部位？观看的顺序又是怎样的呢？

图4-33

其他区域没有太多细节，可以看作让人的眼睛放空的休息区域，这样的画面让人看着不累。这种"疏—密—疏"的变化，就是疏密节奏。

在后续的刻画中，也会在线稿中对图形疏密节奏进行处理。线稿本身是素描的简化形式，线稿所呈现的设计节奏应该就是完成画面的设计节奏，如图 4-34 所示。如果后期处理时将前期线稿的设计打乱，那线稿存在的意义就被削弱了。

💬 小贴士

在设计师和甲方对接时，如果线稿的设计节奏前后不一致，甲方就会说："你现在画的东西和草稿不一样啊！"然后就会要求各种修改。与其被返改，不如一开始就正确看待线稿，尽量在不破坏线稿设计的前提下深入刻画。

画面刻画后的效果与最初的线稿设计一致

图 4-34

所以在绘制线稿时，要时刻留意线条的疏密节奏。在线条密集的部位周围适当留出空白区域，也就是设计点附近需要适当留白。中国的水墨画画师就非常善于用"留白"控制疏密节奏，如名家郑板桥画的竹子，如图 4-35 所示。

可以看到画中用到了大量的"留白"，正因如此，我们的视线会集中在黑色的竹叶上，并且画中有两个节奏密集区域，会引导我们的视线从一个密集区域看向另一个密集区域。

有经验的画师会有意地营造这种疏密节奏，引导观者的观看顺序，突出画面的设计重点。所以在绘画时，切忌一味地往画面中堆东西，若总想着把画面填满，最后的成品往往没有重点、没有节奏，让人看着很累。这样不分疏密节奏的练习既浪费时间也浪费精力，是新手经常犯的错误之一。

图 4-35

4.4.2 调整线稿疏密节奏的方法

对于内容单一的画面来说，人的眼睛容易看到节奏密集的部位。对于内容复杂的画面来说，也是一样的道理，这也是分形的思路。在第一版线稿中，可以大致看出设计的疏密关系，人物身上的设计点分别在在头部、胸口、手部、腰部和脚部，在设计点处的线条相对密集，其余部分的线条相对疏散，如图4-36所示。

图4-36

接下来需要在第一版线稿的基础上，做细致的线稿处理。在细致处理线稿时，同样需要注意画面疏密节奏的处理。

01 首先是头部的刻画。不仅要将脸部的线条处理得精致、干净，还要将头发的细节设计好。在表现头顶发根的部分，线条是较为密集的，而发缕向四周散开时线条是较为疏散的。第一版线稿中只是简单地画出发型的整体形状和发缕方向，所以需要在保留原有趋势的前提下增加疏密节奏。具体做法就是将发缕设计得有宽有窄、有长有短、有弯有直，营造疏密节奏的同时注重图形的变化，如图 4-37 所示。

强化头发的疏密节奏，增加发缕变化，增加衣领的翻折结构

图 4-37

衣服花纹比较单一

02 然后是披风的设计。给披风领口设计翻折，增强空间感，同时对花纹的设计做调整。第一版线稿中只有披风右侧有铁链和花纹，使得上半身的设计重心偏右。为了平衡，我在披风左侧也添加了些许花纹，并把铁链改成鸟羽毛的样式，披风中心的图案也设计成一只鸟展翅的样子，统一花纹主题，如图 4-38 所示。

强调设计元素的花纹

图 4-38

03 接下来是手部的处理。第一版线稿中，胳膊和手的结构有一点问题。在将胳膊和手的动态结构调整完后，采用鸟爪的元素，将手甲的外形设计成放射状，如图 4-39 所示。

调整胳膊结构，在手甲设计中加入鸟爪元素

图 4-39

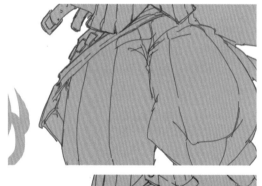

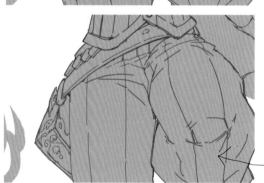

04 腰部也是一个设计点。我参考了一些欧式花纹的画法，为背包添加花纹设计。第一版线稿中的包带没有厚度，在增加包带厚度的同时，也将上衣的边缘做了包边设计。刻画裤子的衣褶，使胯部和腿部的结构更合理。调整过后的腰部看起来更精致，和上衣、裤子的"疏"形成对比，强化了疏密节奏，如图 4-40 所示。

强化背包花纹和皮带上的装饰，增加体积感，细化裤子的褶皱

图 4-40

05 最后是脚部的处理。先是增加鞋口处图形的翻折，改变剪影轮廓，然后增加鞋扣的设计，这样袜子和鞋面就被分成了两个小的"留白"区域，强化了疏密节奏，如图4-41所示。

增加鞋子的翻折，改变剪影的轮廓，在中心增加设计点

图 4-41

06 调整疏密节奏，细化设计后的线稿如图4-42所示。

图 4-42

4.5 线稿的练习方法

　　评价线稿的好坏，与线稿的"翻折与夸张""设计形式与元素""疏密节奏"有着密不可分的联系。但是初学者很容易把线稿中所用线条的粗细、虚实也当作判断线稿好坏的标准，画线稿时过分注重线条本身的表现，而忽略基本的设计。本节讲解线稿的练习方法，帮助大家正视线稿的粗细与虚实，学习用无压感笔刷画线稿。

4.5.1 正视线稿的粗细与虚实

　　在前面"用线稿表现空间和体积"部分，讲过线稿可以强化转折点，通过强化而产生线条粗细的变化，但这是以表现物体的体积结构为前提的。很多初学者没有理解到这一点，所以看到一些线稿作品的线条有粗细变化、很美观，就把学习重点放在了美化线条上，这是错误的。

　　在图 4-43 所示的两个立方体中，上方是过分注重线条的粗细变化画出的立方体，下方是注重强化转折点画出的立方体。虽然上方立方体的线条有很多粗细变化，但是没有强化表现结构的转折点，导致立方体的形是散的。下方立方体的大部分线条都没有粗细变化，但能明显看出立方体的结构。所以不在表现体积结构基础上注重线条的粗细变化，是没有根据的。

　　虚实变化是后期处理空间关系时需要考虑的问题。在线稿中讲究虚实变化，是没有必要的，如图 4-44 所示。

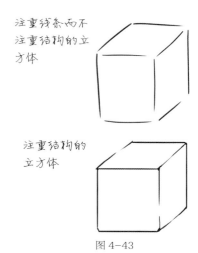

注重线条而不注重结构的立方体

注重结构的立方体

图 4-43

有虚实变化的线稿在前期看着好看

但在细化线稿的时候就会暴露很多问题

图 4-44

这些线稿看着似乎不错，线条有虚有实，但其实到了后期刻画时，很多没必要存在的碎线都会被擦掉，擦掉之后就会发现线稿中没什么细节，需要重新设计，线稿就失去了作用。相信很多同学都有过"草稿看着很不错，一旦细化就不行了"的体验，问题就出在这里。

说到底，利用有粗细、虚实变化的线条是辅助表现物体体积和空间的手法。如果经常有意识地使用这个手法画线稿，当然可以让线稿很出彩。但新手大多是无意识地用这个手法，不仅学不到东西，还会容易因此产生"自己画得不错"的错觉，从而难以认识到自己的问题，更难以进步。

4.5.2 用无压感笔刷画线稿

在练习阶段注重线条的粗细和虚实是错误的方法，因为线条的粗细和虚实不是设计最初要考虑的内容。如果新手想要培养出正确的画线习惯，最好使用无压感线条练习。用无压感的线条，会更容易发现自己在造型上的弱点，从而激励自己先练习造型，而不是花时间美化线条。

画剪影和线稿时，我都提倡大家用系统自带的"硬边圆"笔刷。用"硬边圆"笔刷作画，也就是用无压感的线条画。压感就是用数位板画画时用笔的轻重力度，有压感的线条会产生粗细变化，而无压感线条是没有粗细变化的。

前面讲过，用有粗细变化的线条可以表现物体的体积和空间，在强化物体体积结构的转折点后，线条自然就产生了粗细的变化，而且这种变化是有根据的。如果线条的粗细变化是无根据的，除了看起来好看以外，起不到任何作用。

我看过很多学生的线稿，虽然粗细变化很好，看着也很干净，但仔细观察会发现图形的翻折和夸张很少。这样的线稿虽然看起来很有效果，但上色后就会显得非常单薄，体积和空间的表现力差。而若用无压感线条画出节奏鲜明且体积感强的造型，那么即使是单色也会非常好看，如图 4-45 所示。

线条有粗细变化，但图形变化少

线条没有粗细变化，但图形节奏好

图 4-45

如果你擅长设计，其实不需要太多的刻画，仅凭线稿就可以做出很棒的设计。

图 4-46 所示是一个学生的作品，他利用的是无压感的线条，上色也很简单，但他仅处理了线稿的疏密节奏就可以把机械的感觉充分地表现出来。

图 4-46

如果前期只考虑线稿中线条的粗细和虚实，就会和设计的初衷背道而驰。绘制线稿阶段应该考虑的，就是如何用线稿把图形节奏、体积结构、图案纹样等内容表现到位。至于线条本身的美观与否，要建立在把设计内容表现到位的基础上去考虑。

第 5 章

模型与光照

5.1 块面模型

有些同学在画石膏的过程中，会出现"画着画着结构就乱了""画面脏"等问题。这是因为这部分同学缺乏"块面化"概念，一味地模仿石膏表面的黑白灰变化所致。本节讲解块面模型，从基础的五面模型上升到复杂模型，并通过块面模型带大家理解光源与明度的知识。

5.1.1 五面模型

为什么画石膏和人像时块面结构容易混乱，而画立方体就几乎不会出现这种问题呢？原因就是立方体的块面非常分明。如果将人像强制拆分成几个块面，还会出现类似的问题吗？学过素描的同学，应该接触过用来学习结构的石膏切面和弧面模型，如图 5-1 所示。

切面模型　　　　　　　　　　　弧面模型

图 5-1

切面模型的特征是所有的结构都用简单的块面概括，几乎没有弧形过渡。绘画初期，老师会让学生先画左边这种切面模型。画了一段时间后，才开始画右边的弧面模型。在画弧面模型的过程中，需要在切面模型的块面的基础上，增加更多的细节过渡。也就是说，学习细节刻画之前，要先培养"拆分块面"的意识。

学习块面知识并不需要购买专门的模型，生活中就有很多值得参考的物品。例如，可以看一下键盘上的按键，如图 5-2 所示。

图 5-2

不考虑背面，键盘上的每个按键都有五个面。每一个按键的不同面，都会有不同的明度。如果键盘是白色的，就可以看得更清晰。将单独的一个按键做成模型，就是五面模型，如图 5-3 所示。

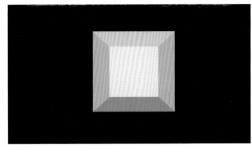

图 5-3

5.1.2 光源方向

从正面看五面模型，可以很轻易地分析出它的打光方向。正面颜色最亮，顶面次亮，说明光源在正前方并向顶面倾斜。左右两面的明度相同，说明光源的方向在正中间。所以可以得出结论，这个五面模型的光源方向是在正前方偏上一点，概括为"正面偏顶光"，如图 5-4 所示。其他位置的光源方向，也可以按这种思路推出来。

光的强度不变，改变光源方向，不同面的明度会产生变化，而其他因素不会变。如果将光源放在五面模型的正面，那产生的效果应该是正面最亮，而其他四个面的明度一致。这种光源即为"正面光"，如图 5-5 所示。

如果将光源放在五面模型的顶部，那产生的效果应该是模型的顶面最亮，而正面与左右两面的明度相同，下方的面最暗。这种光源即为"正顶光"，如图 5-6 所示。

如果将光源放在五面模型的顶上方偏正面一点，那产生的效果应该是模型的上表面最亮，正面次亮，左右两面明度相同，底面最暗。这种光源即为"顶面偏正光"，如图 5-7 所示。其他的方向也可以通过五面模型看出来。

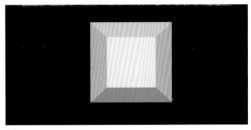

图 5-4

👤 肥鹏提问

试想一下，光的强度不变，改变光源方向，会对五面模型产生什么样的影响呢？

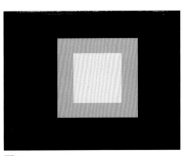

图 5-5

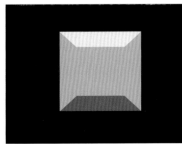

图 5-6

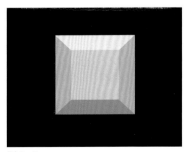

图 5-7

5.1.3 套用明度

根据五面模型的思路，也可以将人像简单拆分成块面模型。拆分的块面越多，得到的人像块面模型和真实人像越接近，如图5-8所示。

将人像拆分为块面模型后，再将五面模型放在旁边。将五面模型的光源方向和明度套用到人像块面模型的各个面中，不同光源下的人像块面模型的明度会产生变化。

 肥鹏提问

之前给五面模型打光的方式运用到人像块面模型上，是否同样适用呢？

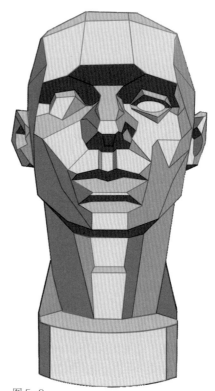

图5-8

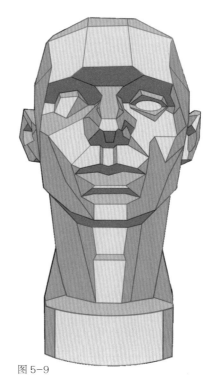

01 将正面偏顶光的五面模型明度套用到人像块面模型中的效果，如图5-9所示。

图5-9

02 将正顶光的五面模型明度套
用到人像块面模型中的效果，
如图 5-10 所示。

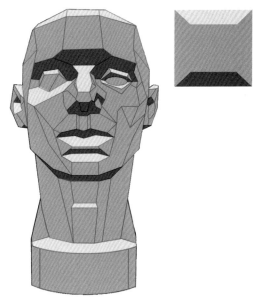

图 5-10

03 将正面光的五面模型明度
套用到人像块面模型中的
效果，如图 5-11 所示。

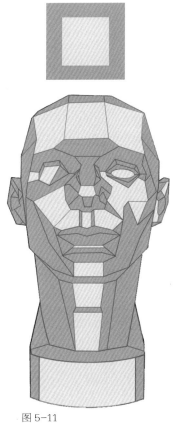

图 5-11

04 将顶面偏正光的五面模型
明度套用到人像块面模型
中的效果，如图 5-12 所示。

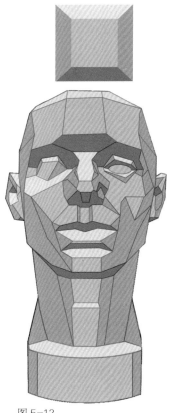

图 5-12

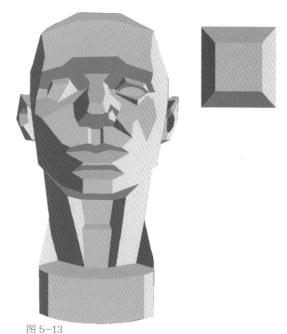

05 将右侧偏顶光的五面模型明度套用到人像块面模型中的效果，如图 5-13 所示。

图 5-13

如果给模型打一个从右向左的侧光，那它产生的投影效果如图 5-14 所示。

配合这个打光方向，模型自身的光影方向应该也是从右向左的。将这个投影图层放到上层，并将图层混合模式设为"正片叠底"，将"右侧偏顶光"的人像块面模型放在下层，效果如图 5-15 所示。

可以看出，这样叠加出的光影效果并没有违和感。所以只要上层投影的主光源方向是偏右的，下层就可以替换成任意一种以右侧光为主的模型。由于人眼识别光源方向并不精确，因此无论是"正面偏右"还是"右面偏正"的光源都适用。

图 5-14

图 5-15

这里可以举一个反例,如果下层换成左侧光为主的模型,叠加右侧光的投影,就会产生极强的违和感,甚至素描关系都会被打乱,如图 5-16 所示。

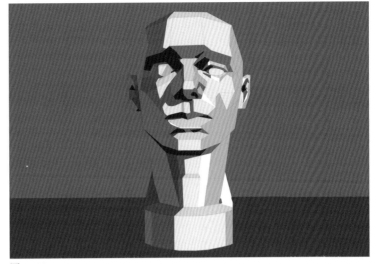

图 5-16

肥鹏提问

综上,这种将五面模型的明度套用到人像块面模型的思路是可取的。那么在作画时应该如何使用这个思路呢?

在平时的练习中,可以把所画的物体在脑海中进行块面化概括,然后将每一个块面套用五面模型在不同光源下的明度,就可以锻炼出在同一个物体上画出不同光影关系的能力。同一物体在不同光源下的明度变化如图 5-17 所示。

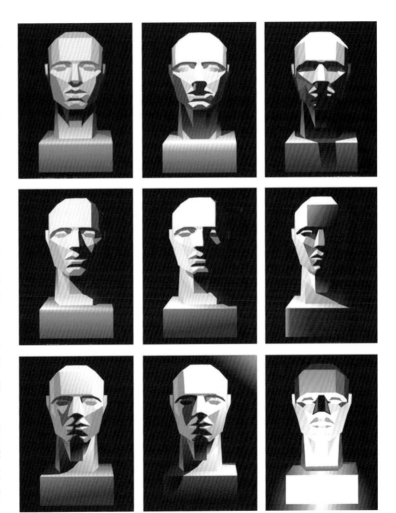

在此基础上做刻画,可以在保证画面光影关系正确的前提下,画出细腻的过渡。按照这个思路做练习,可以用较短的时间达到传统绘画学习需要长时间练习才能达到的效果。

图 5-17

5.2 白模

在同一个模型上可以做出无数种光影变化，而没有光影变化的模型，就是我们要讲的白模。白模是奠定后期刻画和过渡的基础步骤，本节重点讲解白模的概念和白模的绘制方法。

5.2.1 白模的概念

我们看到的一切都与光有关，可以说没有光的话，我们就看不见任何东西。但即使没有光照，物体本身的体积是不会变化的。因此可以把一个模型拆分为"体积"和"光照"两个维度来考虑。简单来说，给一个模型换打光方向会改变模型的体积吗？显然不会。例如，在不同的天气中，同一栋楼房会有不同的光影变化，但楼房自身的体积没有任何改变，如图 5-18 所示。

图 5-18

同理，当同一个石膏像处在不同的光源环境下，也会有不同的光影变化，如图 5-19 所示。

图 5-19 中的两个石膏像是一样的，角度也相同，但二者呈现的效果完全不同。很明显，右图的石膏像更立体，层次更丰富，而左图的石膏像就显得比较平淡、沉闷。这就是没有光影变化和有光影变化对于同一物体起到的不同作用。左边没有光影变化的模型，就是白模。

图 5-19

为了方便大家理解，可以将白模定义为：对一个石膏类白色物体遮蔽了主光源之后，人眼通过微弱的环境光所观察到的样子。

白模因为没有受到强光照射，就不会产生明显的明暗交界线，同时高光、反光也不明显。它的明暗变化就是物体本身体积结构的变化。简单来说，就是"中间亮，边缘暗"或"鼓起处亮，凹陷处暗"。

如果用数字量化，明度值最高是100%，最低是0%。假设白模中亮部的明度值是52%，那么暗部的明度值就是48%。也就是说，白模内部的明暗对比是非常弱的。

5.2.2 白模的绘制方法

白模的绘制方法也就是画师常说的"AO"画法，其中AO就是3D渲染过程中的"环境光遮蔽"，也就是平时绘画中的闭塞阴影部分。闭塞阴影，是画面中光线无论从哪个角度照射都不容易照进去的缝隙。在画AO之前，首先要画一张精细的线稿，然后在线稿下方做一个白底。在此基础上，将画面中的闭塞阴影画出来，并向白底做过渡，最后呈现出的效果就是白模。

一例
通理

01 画白模的时候，需要先复制一层线稿图层，留出一个备份放在最上层，然后复制剪影并将其填充成纯白色。接下来调整线稿的颜色，直到线稿的颜色是暗部最暗的为止，然后将线稿图层与纯白色剪影图层合并在一起，效果如图5-20所示。

白模的底部颜色必须是纯白色。因为在最后调整时，会将白模图层的图层混合模式设为"正片叠底"，下面图层的颜色只会受到白模图层暗部颜色的影响。如果白模的底色不是纯白色，会导致下面图层的亮部颜色也发生改变。

图5-20

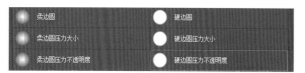

图 5-21

02 接下来，就可以吸取线稿的颜色，按照体积结构，向线稿内部画渐变过渡。这个步骤对于笔刷也有一定的要求，可以使用系统自带的"硬边圆压力不透明度"笔刷，如图 5-21 所示。

03 将画笔菜单栏里的"不透明度""流量"维持在 100% 的状态，开启"始终对'不透明度'使用'压力'。在关闭时，'画笔预设'控制压力"，并将"启用喷枪样式的建立效果""始终对'大小'使用'压力'。在关闭时，'画笔预设'控制压力"按钮保持在关闭状态，如图 5-22 所示。

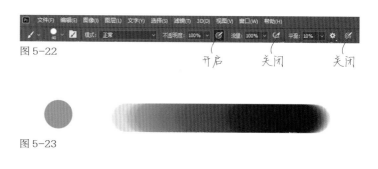

图 5-22

图 5-23

用"硬边圆压力不透明度"笔刷画出的点、线效果如图 5-23 所示。

04 调整好以后，所画的效果会根据下笔的力度产生不透明度变化。如果吸取了明度值为 100% 的黑色，画第一笔的时候，力度轻一些，就可以画出比明度值为 100% 的黑色稍淡的颜色。只要下笔力度控制得当，用这个笔刷理论上是可以画出明度值为 0%~100% 的颜色。这样每画一笔就产生新的颜色，吸这个更淡的新颜色，再画一笔，直到线稿的颜色过渡为底色，如图 5-24 所示。

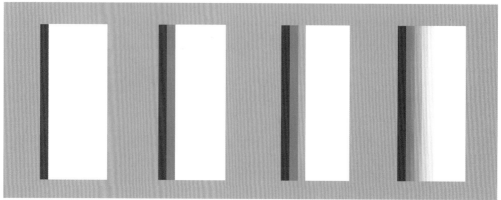

图 5-24

图 5-25

05 如果不擅长刻画，可以使用这种方法进行刻画练习。控制下笔力度是一个好习惯，有助于培养手感。在画图 5-25 所示的这幅图的时候，虽然光影对比非常弱，但可以看出其还是有一些偏顶光效果。

06 将线稿的颜色过渡到底色后，产生的白模效果如图 5-26 所示。

图 5-26

需要注意的是，过渡的目的是将线稿自然地过渡到纯白的底色当中，而不是画素描，表现体积感。不要以为体积感是通过过渡表现出来的，这是大多数画师都会出现的逻辑问题！体积感和空间感是由线稿和光影产生的，而不是通过过渡产生的。因为在之后的步骤中要把白模图层"正片叠底"到下层的色彩图层上，如果白模上的过渡太多，叠出来的颜色一不小心就会变得很脏，或者颜色变化很少，效果不好。所以白模的正确样式应该是中图的样式，而大多数同学喜欢画成右图那种带有明显衰减光的感觉，这是不对的，如图 5-27 所示。

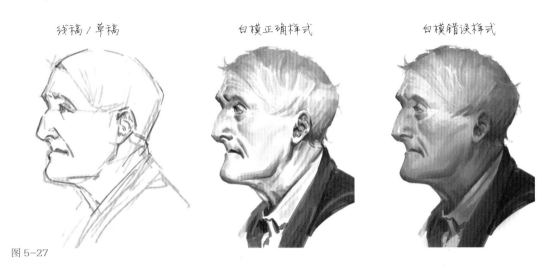

图 5-27

总而言之，白模图层的作用是单独对线稿进行过渡。举例来说，就像是由原本的线条速写过渡成光影速写。利用白模图层做过渡的时候，尽可能不要引入更暗的颜色，只用线稿的颜色过渡。如果添加了更暗的颜色，控制不好素描关系的话，所叠出的颜色就容易变脏！

单独练习这一步，可以强化自己对画面过渡的控制能力。白模就是去掉高光、反光、明暗交界线之后的素描。可能开始上手练习会十分不习惯，但熟练之后会发现，在之后的步骤中，白模的方法可以适用于任何打光方向，改变画面风格。

💬 小贴士

我经常看到一些画师在演示绘画步骤的时候，直接使用黑白灰起稿，然后叠加颜色，稍微刻画一些细节就能画出一幅看起来效果还不错的画。然而这种步骤看着简单，实际操作就完全不是那么回事。先不说这种画法需要画师对模型有一定的了解，这种作图步骤也很考验画师的基本功。虽然看似是直接画，但本质上是把剪影和线稿的步骤简化，也就是要求具备"剪影＋线稿＋简单过渡"的结合知识。如果知识不到位或技法不到位，画出来的图就会很丑，甚至到最后都不知道要怎么改。例如，图 5-28 是我在 2013 年画的一张草图，我画到这个程度就画不下去了，只能舍弃。

图 5-28

舍弃的原因就是我在绘画之初没有考虑好完成图的效果，导致画到一半时觉得问题很多，但以当时的知识结构又不知道怎么调整。虽然草图看着很有气势，但也只能舍弃。用这个反例告诫大家，如果画之前没有想好就开始画，那结果肯定不会比预期效果好。这样的练习是没有意义的，因为练习的目的应该是帮助自己掌握新的知识，将新的知识和技法进行结合。只有当前画面效果比之前更好的时候，才能证明自己练习的方向是正确的。漫无目的的练习也许能让技法越来越熟练，但不能让绘画水平有所提升。动笔之前必须有正确的练习方向，结合合理的步骤，画出预期的效果，那么才算是"有效练习"。

5.3 绘画常用光照

在日常生活中，我们会接触到各种各样的光影。也许大家会想"光影好复杂，有那么多种打光方式，我能学会它的用法吗？"其实不必担心，在角色设计中，光影的用法并没有那么复杂。只要能够利用光影辅助设计、强化角色的表现力就可以了。本小节将为大家介绍四种绘画常用光照，包括顶光、伦勃朗光、侧光和底光。

5.3.1 顶光

顶光即自然光的方向来自上方。白天的阳光、晚上的月光、平时的灯光的方向都在上方，人们已经习惯了以顶光源为主的光影表现。所以不论是在原画设计还是普通绘画作品中，顶光是常见的打光方式，绘制白模时也是如此。例如，哈萨克斯坦画师 Nurzhan Bekkaliyev 的部分模型作品，如图 5-29 所示，可以看出使用顶光很容易表现光影层次。

💬 小贴士

顶光是绘画中常用的打光方式，我绘制作品时也经常使用顶光。人物面部的结构是额头鼓起，眉弓底部凹陷，鼻梁鼓起，颧骨下方凹陷。如果想突出这种结构，就可以使用顶光，它可以让面部产生"亮—暗—亮—暗"的光影节奏。

图 5-29

采用顶光不仅可以表现欧美风人物的立体感，表现亚洲风人物也会有很不错的效果，如图 5-30 所示。

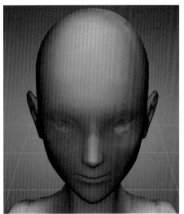
顶光效果

鼻子不受光

鼻子被点亮

图 5-30

人物面部在顶光下会产生图 5-30 左图这样的光影节奏，对强调面部结构有很大的帮助。由于多数亚洲人的面部结构不是特别突出，所以打顶光时会将鼻尖也点亮。如果不强化鼻尖的光影效果，面部就会很平，如中图。若鼻尖处有光，观众在看人物面部的时候就会将视线集中在鼻尖处，然后延伸到眼睛和嘴巴，使画面更加耐看，如右图。同时，这样也能在不破坏人物相貌的前提下强化面部结构。想象一下，如果画一张可爱的脸，强调颧骨或者下巴就会让这张脸显得成熟，而强调鼻子则既能强化面部结构又能增加画面亮点。

5.3.2 伦勃朗光

在角色设计中，有一种打光方式是非常常用的，那就是"伦勃朗光"。伦勃朗光是以艺术家伦勃朗的名字命名的，伦勃朗是艺术史上重要的、极具开创性的艺术家之一。伦勃朗的自画像如图 5-31 所示。

伦勃朗光在摄影和绘画中都很适用，这种打光方式可以把人物脸部的光影一分为二，并且在暗部会有一个三角区域的亮面，如图 5-32 所示。

在伦勃朗光下的石膏像，鼻子的投影会和右侧暗部的投影连在一起，在暗部的颧骨附近留下一个很明显的三角亮区。这种打光方式可以使脸部产生更多的光影变化，强调结构的同时，还可以增加面部的立体感。

具体的伦勃朗光打光方法如果从专业摄影的操作上来讲可能会比较复杂，但在绘画中就比较简单。因为绘

伦勃朗自画像

图 5-31

伦勃朗光下的石膏像脸上有明显的三角区域

图 5-32

画时都是假定光源，只要知道这种光的特点和实现方式就好了。画角色设计的时候，可以主观地将光源定在人物的左上角或右上角，也就是把顶光向左或右侧偏移45°，就可以得到伦勃朗光的效果，如图5-33所示。

使用伦勃朗光做的两个头像练习

图5-33

前面讲到顶光这一打光方式可以使画面非常有层次感，形成"亮—暗—亮—暗"的光影节奏，如图5-34所示。

线稿+剪影

加入顶光

"亮—暗—亮—暗"的光影节奏

图5-34

伦勃朗光可以理解为将顶光向左或右偏移45°。伦勃朗光既可以保留"亮—暗—亮—暗"的光影节奏，又可以使投影不像在顶光下那么对称，有所侧重。

在图5-35中，人物的肌肉是横向排列的，顶光可以优先表现出垂直方向的层次，形成"亮—暗—亮—暗"的光影节奏。如果单纯用顶光，会使肌肉的光影非常平均，而伦勃朗光可以打破这种平均，使光影变化更加丰富。

图5-35

光影是理性的、客观的，但在绘画的过程中，有时需要感性地、主观地处理一些光影变化。比如图 5-36 整体采用了"顶面偏正光"的打光。

整体使用"顶面偏正光"基本解决了光影表现的问题，使整体光影节奏合理。但在

一些细节处，如角色面部，如果比较刻板地遵循"顶面偏正光"的光源方向，会画出图 5-37 中上方图片的效果。

上图中左右脸的亮部有些平均，看上去有些奇怪。因此在上图的基础上，只在下图中的面部采用了伦勃朗光，身体的其他部

分光影不变。画师进行绘画创作，很难像真实打光一样科学、理性。一味地追求准确而忽略美观并不应该是画师追求的方向。因为绘画再准确，也没有物理模拟准确，那不妨在创作中带入更多美学设计思路，以感性地、主观地处理画面。

图 5-36

图 5-37

5.3.3 侧光

　　绘画中有很多光影表现是借鉴摄影的，侧光就是其中一种。侧光是放在角色侧后方，与主光源位置相对，衬托角色轮廓的光。侧光一般用于角色设计后期强化边缘结构，当成图效果不是特别理想的时候可以考虑加入侧光。

　　在图 5-38 中，左图是这个角色原本的完成效果，看起来稍微有些暗淡；当给角色侧后方增加了侧光后，在角色的边缘会多出一条较窄的亮边，也有人称它"边缘光""小白边"，它的形状如中图所示。由于画面整体是暖色调的，所以用比主光源冷的颜色表现侧光，这样既强调了结构又不会喧宾夺主。完成后的效果如右图所示，可以看出角色边缘的丰富程度比之前增加了不少。

图 5-38

5.3.4 底光

    底光是一种不太常用的打光方式。从角色的下方向上打光会让角色看起来有些阴险，也会让画面的整体氛围显得诡异，同时会让人有种仰视角色的感觉，让画面中的角色看起来很大。底光是突显反派角色或身处诡异氛围中的角色常用的打光手法。例如，游戏《第五人格》的宣传海报便采用了这种打光方式，如图 5-39 所示。

底光烘托惊悚、恐怖的氛围   底光使角色显得巨大

图 5-39

在绘画时，如果画的内容在现实世界中是真实存在的，或是参考真实存在的东西做的二次创作，那么画的内容在大部分人的认知中是有原型印象的。如果要让画中常见的事物给人带来不同的感受，就需要通过多种绘画手法增强画面的表现力，如构图、透视、色彩和光影。电影在这方面就提供了非常好的参考，如常常会用光影烘托氛围。电影《诺桑觉寺》便采用了这种手法，其片段截图如图 5-40 所示。

图 5-40

可以看到画面中使用蜡烛作为主光源，让角色的脸部、书籍、枕头的一部分被照亮。这样观众就会将着眼点放在角色的视线、书籍和床之间。

对于电影《泰坦尼克号》，想必大家都不陌生。画面中，光源被安排在远处，一些光线透过物体的遮挡照射到角色脸上，产生一种非常含蓄、若隐若现的感觉，如图 5-41 所示。

电影导演非常善于运用光影，引导观众关注其想要观众看到的内容，达到用镜头讲故事的效果。绘画也可以多向电影借鉴这种光影表现手法，以丰富画面，增强画面表现力。

图 5-41

光影二分法

你已经画完了

6.1 光影二分的概念

如果画面中缺少光影，那么画面永远是平面的，没有体积和空间。想要把光影表现得很到位，确实有些难度。但将光影概括为两个层次之后，就变得相对容易了。本节讲解光影图形、光影二分的相关知识。

6.1.1 光影图形

有的同学会觉得自己画的作品的画面很沉闷，没有亮点，那么很可能是光影出了问题。举个例子。

如图 6-1 所示，左图是一名学生的作品，整体画面很昏暗，虽然能看出他想表现的主题是一个女孩，但除此之外看不出其他有效的信息，观者会觉得这幅画没什么看点。其实他在人物耳朵上画了具有机械元素的装饰，但如果不细看，很难看出来。我对这张图进行了简单的修改，如右图所示，在画的左上角画了一束光，照亮了人物的下半张脸和锁骨附近，强化了耳朵附近的环形图案，与原图相比，画面变得更有看点了。

图 6-1

通过这个案例可以看出，光影在绘画中是非常重要的。由于光的出现，物体可以产生强烈的明暗对比，而光影所产生的"图形"，不仅可以强调结构，还可以引导观者的视线。所以光影其实就是图形的一种呈现形式。

在没有线稿的情况下，有时仅凭光影图形就可以看出画的物体是什么。一些厉害的画师，仅凭光影图形就可以画出效果非常棒的作品，如画师 Marcos Mateu-Mestre 的作品，如图 6-2 所示。

仅用光影图形就可以将画面表现得如此精彩，说明画师在用很理性的思路看待光影。利用光影不仅可以增加画面质感，还可以高度概括物体结构，表现物体之间的关系。

图 6-2

6.1.2 光影二分

以一种什么样的思路概括光影，才能把复杂的光影变化概括为图形呢？这就要讲到光影二分的知识。做一个模拟光照的实验，如图 6-3 所示。

左图是一个圆柱体的模型，给它的左侧打一束光，假设光源的强度不会衰减，并且方向和地面平行，圆柱体的光影效果会呈现出右图的样子。这时大家可以想一想，画面中最亮的位置、明暗交界线、最暗的位置分别在哪里呢？

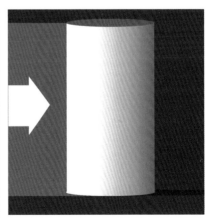

图 6-3

如果从圆柱体的正上方观察，如图6-4所示，光从左侧射过来，垂直照射在圆柱上，与顶面圆形的A点上的切线垂直，而B点和B'点正好处在圆形的切线上。C点与A点相对，处在暗部的中心。而A、B、C三个点在圆柱的侧面形成了A、B、C三条线。

光垂直照射的部位应该是光照最强的，所以这三条线中，A代表的线应该是最亮的。

从光照角度来说，可以理解为A点的光照角度是90°，从A点到B点所受的光照角度由90°逐渐降低到0°，B点和B'点是光与圆形相切的点，光照角度为0°。所以在A和B所代表的线之间，亮度应该是逐渐衰减的。B点、B'点与C点之间的圆弧是不受到光照的部分，因此B和B'所代表的线就是明暗交界线。

C点处在暗部中心，与A点相对。C代表的线完全不受光照，就是边缘线，所以是最暗的。

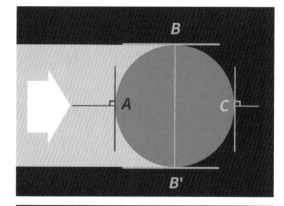

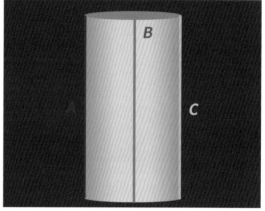

图6-4

也许大家的结论和我的一样，但原因有可能不一样。有很多同学可能认为C线正好是A线相对应的另一端的线，所以肯定是最暗的。然而，如果调整光的照射方向，结论就不一定是这样了，如图6-5所示。

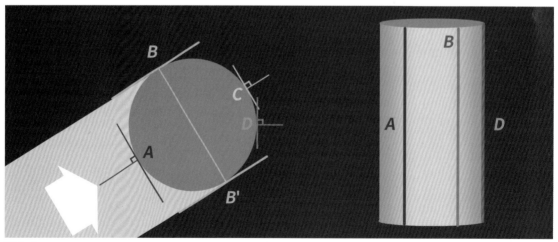

图6-5

这时，A仍然是最亮的线，B是明暗交界线，A与B之间的弧线仍然是四分之一圆弧。但这时，画面中最暗的线变成了D，而D点和A点并不是正对面的关系。D线之所以最暗，是因为它是无光照下圆柱中凹陷得最深的部位。而从图 6-5 的右图中可以看出，圆柱体的左边缘是处于光照范围内的，所以最暗的部位是右侧边缘的 D。

以上讲解是以理想光照为前提的，不需要考虑反光和物体泛光等情况。这个实验说明，在很多情况下，画师需要自己假定光源，如果不了解光影的逻辑，就会产生"猜得对结果，但原因不清楚"的情况。绘画时，当然有可能猜到" C 线最暗"的结果，但绝大部分情况下会受到其他因素的误导。

在图 6-6 中，在 45° 光和正侧面光照下，C 点和 D 点的明暗状况如何呢？

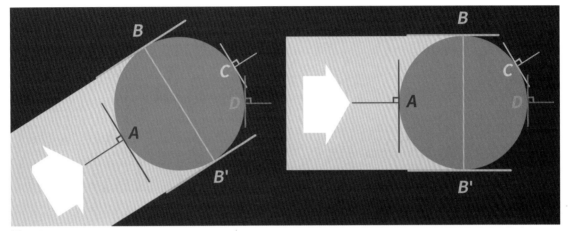

图 6-6

答案是，两种不同光照下的 C 点和 D 点明度相同。这是因为 C 点和 D 点是同样材质并且同样不受光的点，都位于模型最凹处。这样一说，是不是比较清晰了呢？

总而言之，光影二分是什么呢？在一张图中，不考虑光照强度，也不考虑光的照射角度，只要能照到光的面，统一称为亮面，光照不到的面，统一称为暗面，亮面与暗面之间不存在过渡。这样区分画面亮暗的思维方式，就是光影二分。

例如，图 6-7 所示的石膏像中有很多光影变化，暗面有明显的反光，亮面和暗面之间有很多明度的过渡。

将这个石膏像用光影二分概括光影后，呈现的效果如图6-8 所示。

图 6-7

图 6-8

在我的素描五调子理论中，是没有"投影"存在的。因为在空间中，一个物体的"投影"就是另一个物体的"暗面"。例如，图 6-9 中的球体，投在地面上的"投影"对于地面来说是"暗部"。暗部和投影的说法只是参照物不同，A 在 B 上的投影，其实就是以 A 为参照物，B 与 A 投影对应的部分是暗部。

如果用我的素描五调子理论解释，那么光影二分中的亮部包含了"高光""亮面"，暗部包含了"暗面""反光"，将明暗交界线省略了。

💬 小贴士

可能有些人觉得"投影"是素描五调子中的一部分，认为素描五调子是"高光""中间调""明暗交界线""反光""投影"。而我认为，素描五调子应该是"亮面""暗面""明暗交界线""高光""反光"，如图 6-9 所示。第 8 章会集中讲解素描五调子理论，这里先简单提一下。

图 6-9

6.2 用光影二分表现体积和空间

在 4.2 节中讲过可以用线稿表现空间和体积，其实想要表现空间和体积，单靠线稿是不够的，将线稿与光影二分结合，才能精准地表现空间和体积的关系。本节就重点讲解用光影二分表现体积和空间的方法，以及光影二分在实际绘画中的应用。

6.2.1 用光影二分表现体积

回顾一下，体积的概念是什么。大家应该还记得"体积是空间的外部"这句话吧？通俗地说，体积指的就是物体的外观形态。那么单靠线稿能否直观地表现体积呢？

只看线稿，大家可以判断出图 6-10 中左图是球体还是圆形，右图是六边形还是立方体吗？

只看线稿的话，是无法看出很多物体的体积关系的。比如左图，有可能是球体，也有可能是圆形；右图有可能是立方体，也可能是六边形。之前讲过线稿可以表现体积，

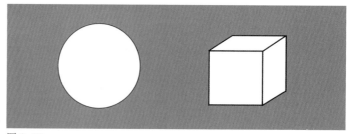

图 6-10

但它是不完善的。越是单纯的环境，线稿表现出的体积越单薄。所以，需要用到光影二分图形来补足线稿表现力不足的地方，如图6-11所示。

将光影二分图形融合进去以后，可以很清晰地判断出，左图就是球体，右图就是立方体。由此可以看出光影二分在表现体积上的作用，可以将光影二分看作对线稿的补充和强化。那么具体如何用光影二分表现体积呢？举个立方体的例子，如图6-12所示。

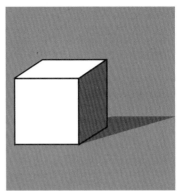

图 6-11

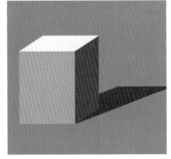

图 6-12

左图立方体的顶面和正面是可以被光照射到的，所以属于光影二分中的亮部；右侧面和后面的投影都是光无法照到的，所以属于光影二分中的暗部。立方体的面与面之间并不存在过渡关系，都是相互垂直的关系。如果用光影二分来表现左图的立方体，就会呈现出右图的样子。也就是说，用光影二分表现体积，其实就是直接概括暗部图形。

有的同学可能会产生疑惑，立方体的暗面和投影的明度不一样，为什么画出的光影二分的明度是一样的呢？其实光影二分所划分的就是亮部和暗部的图形区域，简单、直接地用偏亮的颜色表现光能照到的面，用偏暗的颜色表现光照不到的面，与画面中构成物体的材质、具体受光情况等没有关系。也就是说，无论物体的材质、颜色如何，只要是不受光照的面，统一用一个较暗的颜色表示即可。因此左图的立方体，用光影二分拆解以后，就是右图的形状，像一个"V"字形。

但是这样并不足以表现立方体的体积，需要在画面中继续加入元素，如图6-13所示。

在左图立方体的背后，增加了一个大面积投影。可以假设立方体的左侧有一个体积更大的立方体，只是画面中没有显示出来。大立方体的投影被画面中的立方体遮挡住一部分，这时，画面中的光影二分形状就变成右图的样子。

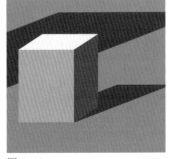

图 6-13

如果单看右图，并告诉大家这是一个立体模型在空间中形成的暗部形状，大家能猜出这个立体模型是什么样的吗？也许不能完全猜出来，但至少比图 6-12 中的"V"字形状更接近正确答案了。接下来继续在画面中添加元素，如图 6-14 所示。

假设画面中的立方体前面立着一支笔，笔的投影正好投在立方体的受光面上，如左图所示。这时单独把画面中的光影二分拆解出来，如右图所示。如果只看右图，大家是否能够猜出画面中的物体是一个立方体呢？

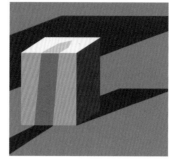

图 6-14

只看右图，也能得到"画面中的物体是立方体"这个信息，这是依靠光影二分图形的暗示而得出的。图形印象是根植于人们潜意识中的，有的时候仅依靠光影图形的暗示，也能让人们在脑海中想象出它完整的样子。这是一种"心理补偿"思路，就像电影中的"蒙太奇"技巧一样。例如，有三个镜头，第一个镜头是用毛笔在纸上书写，第二个镜头是一个人在写字，第三个镜头是一幅完成的书法作品，如图 6-15 所示。

当把这三个镜头组接在一起时，观众看了就会觉得是镜头中的人写了这幅书法作品。使用光影二分表现体积，用的就是这种心理补偿思路。

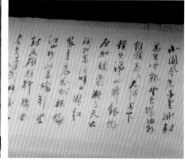

图 6-15

6.2.2 用光影二分表现空间

在 4.2 节中介绍了"空间是体积的内部"，但这是以单个物体为前提的，如果在一个环境中，空间指的就是物体与物体之间的相对位置。回想一下如何用线稿表现空间。

单看图 6-16，能判断圆柱体和立方体的相对位置吗？

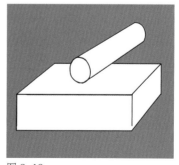

图 6-16

能判断出一部分，而不是全部。在画面中可以看到，圆柱体遮挡了立方体，但具体的位置关系就不是很明确了。因此，虽然能用线稿表现空间（依靠物体的遮挡关系来表现），无法判断两者具体的相对位置。这时给这组图引入一束顶光，就可以凭投影的面积和位置判断两个物体之间的具体位置关系，如图6-17所示。

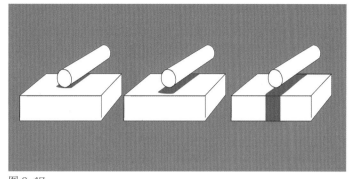

图 6-17

如果圆柱和立方体贴在一起，两者之间的投影面积会很小，如左图所示；如果圆柱体和立方体之间有些距离，那么投影就会更长一些，投影的面积也会增大，如中图所示；如果圆柱体的长度超过了立方体，投影就会打到立方体的侧面，如右图所示。

所以，在仅有线稿的前提下，两个物体之间的相对位置会有这三种甚至更多的情况出现。靠线稿确定的信息是有限的，如果想更进一步确定物体间的位置，就需要用光影二分表现。

6.2.3 光影二分在实际绘画中的应用

在实际绘画中，如果不画线稿，可以只用光影二分进行绘画吗？
当然是可以的，举个画岩石的例子，如图 6-18 所示。

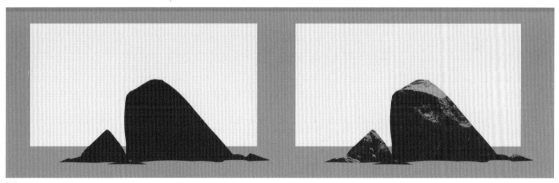

图 6-18

首先需要将岩石的剪影画出来，如左图所示。然后新建一个光影二分图层，画出岩石亮部的形状，并调整明度，如右图所示。这里可以将剪影画成深色充当光影二分中的暗部，那么在光影二分图层中只需要画出亮部的图形；相反也可以将剪影画成浅色充当光影二分中的亮部，然后在光影二分图层中画出暗部的图形。

此时，单看右图就已经能够看出物体的体积和空间关系了，如果想要深入刻画，在确定了光影二分关系后，只要对亮部和暗部分别进行调色就可以了。在调色的过程中不要影响光影二分关系，如果觉得细节不够，可以在亮部和暗部分别增加细节的明暗关系变化，只要不破坏之前定好的光影二分关系，画面就不会乱，如图 6-19 所示。具体的刻画细节在第 8 章会详细介绍。

图 6-19

这里同学们要谨记，光影二分是确定画面整体效果的关键步骤之一，定好了就不要轻易修改，这样在后续的刻画中，才不会破坏画面整体的光影关系。

6.3 提取光影二分

前面讲到了用光影二分表现体积和空间，其实就是概括地划分亮部和暗部的图形，用两极化的光影表现体积结构和空间位置。其中概括提取暗部图形是最常用的方式，提取暗部就会涉及投影。本节将重点讲解提取光影二分中的线性投影和图形投影的概念，以及光影二分节奏的知识。

6.3.1 线性投影

很多人画暗部和投影的时候会习惯用黑线把边缘勾一遍。我给学生布置过一个作业，要求学生把石膏像的光影二分提取出来，并只允许用剪影描边结合光影二分来表现石膏像的体积和特征。举个例子，如图 6-20 所示。

石膏像原图　　　　　　　　　线性投影居多　　　　　　　　　图形投影居多

图 6-20

左边是石膏像原图，中间和右边是两位同学的作业。可以看出，中间同学的作业虽然花纹很多、作图精致，但光影关系有些凌乱；而右边同学的作业就没有这个问题，光影关系清晰。

出现这种现象的根本原因在于，中间同学在绘制的时候使用的是"线性投影"，如果一张图中投影的形状很细碎、偏线性，就无法让观众感受到体积。而右边同学使用的图形投影居多，几乎没有线性投影。

那么什么是"线性投影"呢？为什么光影二分图形中不应该存在线性投影呢？举个例子，如图6-21所示。

将两个立方体按左图所示的位置摆放，然后给它们打一束正顶光，这样上面立方体的投影就会投到下面立方体的上表面，如中图所示。用红线标出下半部分的投影可以发现，投影的轮廓是一个长方形，在这个长方形内，可以画出无数条平行的蓝线，这些蓝线的长度都是一致的。当长方形的长无限延长时，这片投影的长度也会无限延长，蓝线所代表的宽度仍然没有变化，这样的投影就是线性投影。

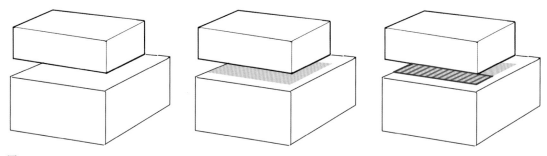

图6-21

其实现实中是存在线性投影的，但线性投影只存在于底面为平面，且上方结构与底面平行的物体上。在日常生活中，符合这种条件的物体并不多，浮雕是其中一种，如图6-22所示。

通过这个浮雕可以看出，花型的图案是平面的，和底面平行。将光影二分关系提取出来后，发现它的投影中存在很多线性投影。也就是说，如果画面中出现线性投影，说明物体不够立体，像浮雕一样，因此在提取光影二分关系的时候，要避免出现线性投影。

图6-22

6.3.2 图形投影

依然用立方体举例，将下面的立方体表面做成鼓起的形状，如图 6-23 所示。

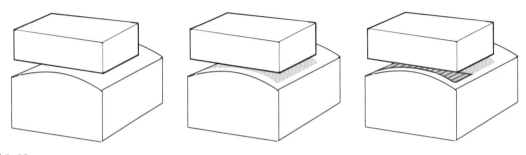

图 6-23

同样给它们打一束正顶光，如中图所示。用红线标出下半部分的投影可以发现，投影轮廓的形状改变了，中间部分有了弧度。在这个红色轮廓内，依然可以画出无数条平行的蓝线，但这些蓝线的长度发生了变化。这样的投影不再是线性投影，而是"图形投影"。

绘画中接触到的大部分物体都不是平面的，如图 6-24 中的人体模型。

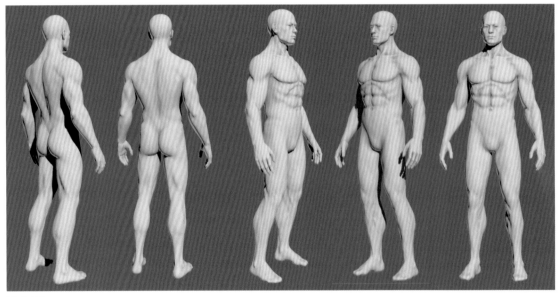

图 6-24

人体模型中几乎没有绝对的平面，更多的是弧面，提取光影二分关系的话，线和平面都是非常少的。所以在绘画过程中用图形投影，保证每个投影都是一个基本图形，画出光影二分再结合轮廓剪影，就可以表现出很强的体积感。

6.3.3 光影二分节奏

想处理好光影二分关系，除了表现空间和体积以外，还需要有节奏变化。光影二分本身就是用最简单的图形表现画面的体积和光影，所以需要画师具备对体积结构和光影较强的控制力，才能做到精简。

再举个提取光影二分关系的例子，如图6-25所示。

左图是石膏骷髅原图，中图是对照片提取光影二分关系后的效果，右图是一个学生根据原图做的提取光影二分练习。可以看到，虽然右图中该学生几乎没有使用线性投影，但提取效果相比中图还是差很多。其中的原因就是学生对于骷髅结构与光影二分节奏的把控不到位。

石膏原图　　　　　　　原图的光影二分关系　　　　　　学生作业

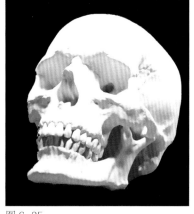

图6-25

提取光影二分关系并不简单，它的每个图形边缘其实都在暗示物体的结构和透视关系。比如，将原图的光影二分关系和学生作业放在一起进行对比，红线代表眉弓骨的透视弧线，蓝线代表眉弓骨的光影二分图形边缘线，如图6-26所示。

可以看出，上面原图的蓝色边缘线和红色的透视弧线比较贴合，表现出了头骨的球体结构和近大远小的透视关系，同时也有自身凹凸起伏的节奏感。而这个学生虽然也尽量在用蓝色边缘线表达透视关系，但有太多的表意不明的凹凸，并没有表现出眉弓骨自身的凹凸节奏。

绘画经常强调要"注意结构"，但结构具体是什么呢？其实就是这些细节的表现。如果画的光影二分图形能做到暗示结构和透视关系的基础上，还能体现自身的细节变化，并且这些细节变化仍然具有统一的图形趋势，就可以呈现出较好的光影二分节奏。

原图的光影二分关系

图6-26　　　　　　　　　　　　学生作业

6.4 绘制光影二分

在做角色设计时，完成线稿步骤后，需要根据角色风格选择是否做白模。如果是偏写实风格就需要做白模步骤，如果是二次元风格就可以跳过白模步骤直接做光影二分。白模与光影二分步骤并没有先后顺序，是互不干涉的。本节就为大家介绍绘制光影二分的方法，包括概括暗部图形、虚化转折和调整绘画风格等方法。

6.4.1 概括暗部图形

在画光影二分关系的时候，可以先不考虑光照强度以及明暗交界线等因素，直接将角色分成亮部和暗部两个部分看待。我们之前已经做了白模步骤，所以在光影二分步骤中，只需要新建一个图层，用灰色绘制暗部的光影二分图形，在亮部则延用白模的底色即可。

一例
通理

01 在绘制暗部的光影二分图形时，同样要用"硬边圆"笔刷，目的是保持光影二分图形边缘清晰。画之前需要为人物假定一个光源，在这里我采用了顶光的光源。画好暗部的光影二分图形之后的效果，如图 6-27 所示。

图 6-27

02 接下来关闭线稿图层显示，检查画面的光影二分关系。主要检查三个方面。

首先检查有没有出现线性投影；然后检查当前的光影二分关系是否表现出体积；最后检查图形的疏密节奏是否符合设计点的规划。画面最终效果如图6-28所示。

图 6-28

也许大家一开始无法将光影二分关系绘制得很好，但只要培养这种反复检查画面的习惯，将知识点应用于实践，确保做到能力范围的最好效果，尝试练习两三张图以后就会发现自己有明显的进步。

6.4.2 虚化转折

前面绘制暗部的光影二分图形时要求用"硬边圆"笔刷将边缘画清晰，不过真正画图时困扰大家的更多是如何在边缘做虚化过渡。影响暗部边缘虚实关系的因素有两个。

第一个是物体距离光源的距离。在光照下，物体距离光源越远，投影就变得越模糊。

第二个是光照角度。如果被照射的物体表面是弧面，照到该物体表面的光线角度就会有所变化。

光照在弧面上，光照角度越接近90°的部分，暗部边缘越清晰，光照角度越接近0°的部分，暗部边缘越模糊。光影的虚实关系如图6-29所示。

图 6-29

01 当检查完画面的光影二分图形后，就可以将转折部分做一些虚化过渡。在概括地画完暗部图形之后，遇到需要处理虚实关系的地方，只要考虑结构表面是否为弧面，然后对弧面上的暗部边缘单独做虚化处理即可。画的时候可以吸取暗部的颜色，用"柔边圆"笔刷的画笔配合"柔边圆"笔刷的橡皮，虚化暗部图形边缘，如图 6-30 所示。

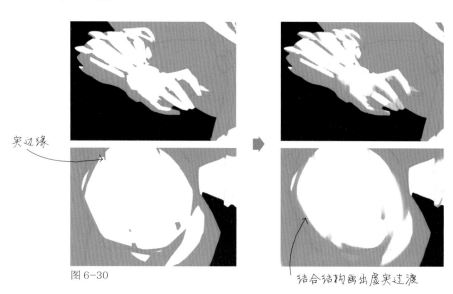

实边缘

图 6-30

结合结构画出虚实过渡

02 在这个过程中，只能吸暗部色，不能吸线稿色，目的是统一暗部图形颜色，以及将有弧形转折部分的暗部图形边缘虚化，不破坏原本的光影二分关系。修改暗部边缘后的图相比之前，整体上并没有太大的变化，只是虚化了转折部分的边缘，如图 6-31 所示。

修改前　　　　　　　　　　　　修改后

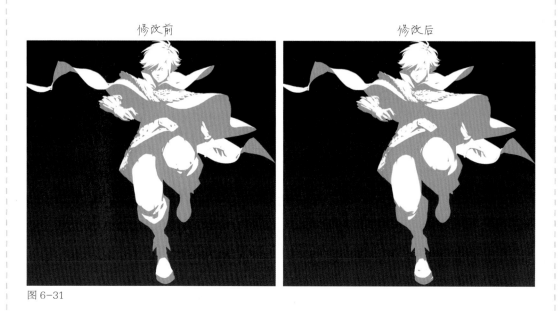

图 6-31

6.4.3 调整绘画风格

完成光影二分步骤之后，需要检查一下，此时画面中只有暗部的灰色图形是属于光影二分图层的，白色部分是白模或白色剪影的颜色。

检查过后，需要将图层顺序进行调整：首先将线稿的图层混合模式设为"正片叠底"，放在整个画面的最上层；然后将光影二分图层的图层混合模式也设为"正片叠底"，放在线稿的下层；如果有白模图层，就放在光影二分图层的下面，同样将图层模式设为"正片叠底"。调整后的图层顺序如图6-32所示。

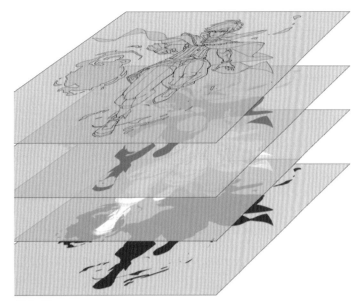

图 6-32

到这里，这个案例的白模和光影二分的步骤都已经处理完毕，在进行刻画之前就不需要再调整图片的体积效果了。这时可以通过调整光影二分、线稿和白模的对比关系，调整绘画风格。

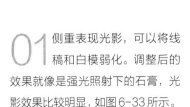侧重表现光影，可以将线稿和白模弱化。调整后的效果就像是强光照射下的石膏，光影效果比较明显，如图6-33所示。

图 6-33

02 侧重表现体积过渡，可以强化白模，弱化线稿和光影二分。调整后的效果比较偏写实，人物身上的过渡比较细腻，体积感塑造得比较好，如图6-34所示。

03 侧重表现线稿，可以强化线稿和光影二分，弱化白模。调整后的效果比较偏日系伪厚涂风格，如图6-35所示。

图 6-34

图 6-35

这些风格上的变化，通过调整光影二分、线稿和白模之间的对比关系就可以完成。在遇到甲方要求调整画面风格时，用这种方法调整绘画风格是非常方便的。并且用同一张图可以练习三种绘画风格，也提高了设计的利用率。熟练运用这种思维方式，可以达到用更少的时间做更多练习的目的。

第 7 章 色彩搭配法则

7.1 色彩基础

想要为作品搭配好颜色，首先需要充分了解色彩的基础知识，了解固有色与环境色、色彩模式、亮度等基础知识，掌握这些知识后可以在搭配颜色时更有条理和依据。本节讲解色彩基础，包括固有色与环境色、色彩模式，以及明度与亮度的区别。

7.1.1 固有色与环境色

认识色彩，首先要知道什么是固有色。先不考虑光学因素，姑且可以认为看到的所有物体都有本身的颜色，这种颜色就是这个物体的固有色。

当这个物体处在不同的环境时，它本身的颜色会受到环境的影响。举个例子，如图 7-1 所示。

左图是晴天日光照射下的樱桃，可以认为樱桃的固有色就是这样的。右图中，樱桃被放在偏蓝的室内环境中拍摄，樱桃本身的颜色就会向环境的蓝色方向偏移。

观察物体时，很容易混淆固有色和环境色，因为物体的颜色和环境光有着密不可分的联系。人所看到的颜色其实就是光照在物体上，再反射到人眼中形成的视觉感受。每个人的眼睛对接收特定的颜色信息会有所差异，这就使得不同的人有不同的色感。

叶子是绿色的，果实是红色的，这是在正常日光照射下，大多数人对这种物体颜色产生的印象。如果环境光改变，物体所显示出的颜色也随即改变。例如，当人处在有色光照下，人的肤色会受色光的影响产生巨大的变化，如图 7-2 所示。

在这样的灯光下，很难判断人物原本的肤色是什么颜色，所以环境光会干扰人们对固有色的判断。

晴天日光照射下樱桃的颜色　樱桃处在蓝色环境中的颜色

图 7-1

在霓虹灯下，人的皮肤颜色会产生巨大变化

图 7-2

7.1.2 色彩模式

在数码绘画中，颜色的显示模式有很多，比较常用的有 RGB、CMYK、HSB 和 Lab 模式。数码绘画较为方便的一点就是可以在拾色器中直接选择想要的颜色，不用纠结用颜料调色的问题。用 Photoshop 软件来举例，在 Photoshop 工具栏的最下方，单击打开的默认拾色器对话框，如图 7-3 所示。

可以看到拾色器对话框中间有一个类似彩虹的颜色条，拖动颜色条上的滑块可以改变左边方框中的颜色。每一种颜色的外观称为色相，色相就代表"这是什么颜色"。

拾色器中的方形选框，展示了单一色相下的饱和度和明度变化。在取色区域中，左上角是白色，左下角是黑色。颜色中融入的白色越多则明度越高，融入的黑色越多则明度越低。右上角的颜色是这个色相中饱和度最高的颜色，颜色中加入的其他颜色越多，饱和度越低。可以理解为，方形选框中从右到左饱和度依次递减，从上到下明度依次递减，如图 7-4 所示。

图 7-3

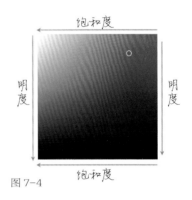

图 7-4

在拾色器窗口的右边显示了四种色彩模式的数值，分别是 HSB、Lab、RGB、CMYK，如图 7-5 所示。

HSB 模式是绘画常用的调色模式。绘画新手想要学习色彩知识，可以先学习 HSB 模式。HSB 模式是门槛最低、最容易理解的。HSB 三个字母分别是：H（Hues）——色相，S（Saturation）——饱和度，B（Brightness）——明度。色相、饱和度、明度是色彩三要素，人看到的所有彩色光都是这三个要素融合后的效果。HSB 字母后的数值分别代表当前颜色的色相度数、饱和度及明度的百分比。

RGB 是工业色彩标准，是适用于电子屏幕显示的色彩模式。RGB 三个字母分别是：R（Red）——红色，G（Green）——绿色，B（Blue）——蓝色。显示器上的所有颜色，都是这三种色光通过不同的比例混合而成的。RGB 字母后面的数值代表该色光的亮度，RGB 有 256 级亮度，因此 RGB 的值域是 0~255。

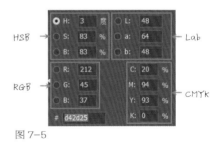

图 7-5

Lab 是基于人对颜色感觉的颜色模型。调节 Lab 中的数值，可以表现正常视力的人能够看到的所有颜色，其不仅包含了 RGB、CMYK 的所有色域，还能表现它们不能表现的色彩。Lab 三个字母分别是：L（Luminosity）——亮度，a 表示从洋红色至绿色的范围，b 表示从黄色至蓝色的范围。L 的值域是 0~100，a、b 的值域都是 +127 至 −128。

CMYK 模式是印刷时采用的一种套色模式。它利用颜料三原色混合原理，加上黑色油墨，混合叠加四种颜色，形成"全彩印刷"。CMYK 四个字母分别是：C（Cyan）——青色，M（Magenta）——品红色，Y（Yellow）——黄色，K（Black）——黑色。CMYK 字母后面的数值代表当前颜色的颜料百分比。

7.1.3 明度与亮度的区别

很多人都会分不清"明度""亮度"这两个概念。如果解释得太过于学术，可能更容易混淆。通俗来讲，明度是指同一个色相中，掺杂了多少的黑色和白色。向任何一种颜料中添加白色，混色后的颜色都会比之前的颜色更偏白一些。添加的白色越多，得到的颜色就越接近白色。反之，添加的黑色越多，混合后的颜色就越接近黑色。所以提高明度就相当于加入更多白色，降低明度就相当于加入更多黑色。

如果明度指的是同一个色相中加入黑白颜色的多少，那亮度就是颜色本身的亮暗程度。将不同色相进行对比，会产生亮度差别。

把代表色相的颜色条单独拿出来，这些颜色的饱和度都是最高的。接下来，将它的饱和度降为零，可以看出色相条中所有颜色的明度是一致的。接下来将代表色相的颜色条，用第 2 章讲过的图层去色法去掉颜色，就会发现即使是明度、饱和度相同的颜色，去色后亮度也存在着明显的差别。具体效果如图 7-6 所示。

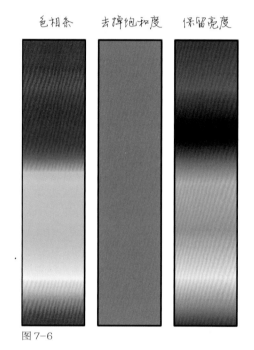

图 7-6

所以，不同的色相本身就带有不同的亮度。即使是没有学过色彩理论的人，看到原本的色相条也能够感觉到黄色是最亮的颜色，蓝色是最暗的颜色。因此亮度是颜色自带的，可以直接呈现出亮暗信息。而明度是可调节的，通过调节明度能够更方便地得到想要的颜色。

打开拾色器对话框，默认打开的是 HSB 拾色器，可以看到参数中"H"已被勾选。手动勾选"L"，就可以切换到 Lab 拾色器，如图 7-7 所示。

将色彩模式切换为 Lab 模式后，左边的方形选框变为色相，右边的色条变为明度。也就是说，在右边色条滑块所在的位置上，左边方形选框中所有颜色的明度是一致的。滑动右边的滑块，左边方形选框的颜色也会随之改变，如图 7-8 所示。

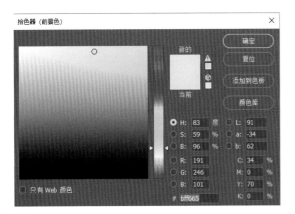
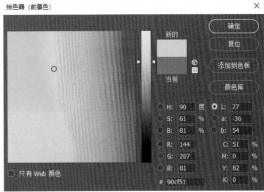

图 7-7

图 7-8

使用Lab拾色器选择色彩，可以很轻松地在同明度区域内做出不同的颜色变化，丰富画面效果。

三个立方体有着同样的明度，但右边立方体的颜色变化明显更丰富，如图 7-9 所示。可以利用 Lab 拾色器，在不破坏画面素描关系的前提下加入更多的色相变化，丰富画面效果。

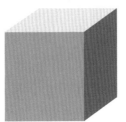

图 7-9

7.2 色彩对比

前面讲到了色彩三要素是色相、饱和度和明度，每一种色彩都是三要素融合产生的。对色彩有了解的同学肯定听过色彩是分冷暖的，那么色彩的冷暖是否也是通过色彩三要素来定义的呢？其实没有必要死记硬背那些复杂的色彩定义，因为色彩的属性都是相对的，没有绝对属性的色彩。本节就重点讲解色彩对比的知识，包括明度对比、饱和度对比和冷暖对比。

7.2.1 明度对比

在图 7-10 中，大家觉得 A 点和 B 点的颜色，哪个更暗呢？

大家可能会回答 A 点更暗。将 A 点和 B 点所在的两块格子单独拿出来对比一下，如图 7-11 所示。答案就一目了然了，二者的明度是一致的。这是一个经典的视觉实验，大多数人会认为 A 点比较暗，是因为 A 点附近没有比它更暗的颜色，所以人的潜意识认定 A 点的颜色是画面中最暗的。而 B 点附近有黑格子的暗部作对比，所以人的潜意识认为 B 点仍然是亮的。只有放在一起对比才知道，A 点和 B 点的明度是相同的。因此色彩的明暗需要对比才能体现，不能完全相信眼睛。

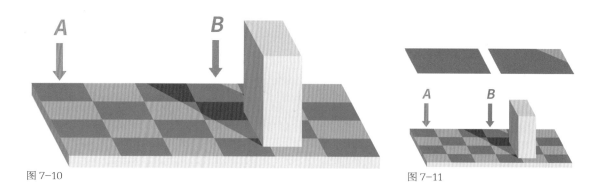

图 7-10

图 7-11

7.2.2 饱和度对比

大家觉得图 7-12 中间的正方形是什么颜色的呢？

图 7-12

也许有人觉得是绿色的，但它是低饱和度的黄色，如图 7-13 所示。

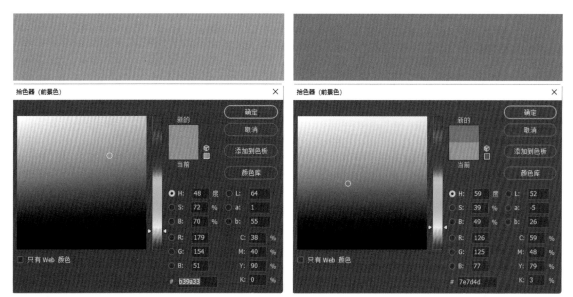

图 7-13

每种颜色都有自身的冷暖和亮度关系，一旦降低饱和度，颜色本身的关系就会弱化。如果自身就是一种比较暖的颜色，降低饱和度后就会显得偏冷一些，色相也会向相邻的冷色靠拢。如果自身是一种冷色，降低饱和度后，自身冷色的属性就会弱化，色相会向附近的暖色靠拢。

低饱和度的蓝色会更像紫色，如图 7-14 所示。出现这种视觉误差，主要是因为人的眼睛有习惯性的补偿功能。其他的颜色也是同样的，这里就不一一列举了。

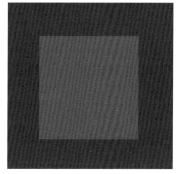

图 7-14

7.2.3 冷暖对比

暖色调能给人带来温暖、热情的感受，冷色调给人清凉、通透的感受。所以有一些人会认为"红、橙、黄"是暖色、"绿、蓝、紫"是冷色、"黑、白、灰"是中性色。也有些人认为"红、橙、黄"是暖色、"青、蓝"是冷色、"绿、紫"是中性色，而"黑、白、灰"没有色相，是无色系色。

用我做的两个场景速写练习来举例，如图 7-15 和图 7-16 所示。

虽然两张图的题材和风格不同，色调
也不同，但可以看出两张图的天空颜色
都用了青蓝色。为什么在冷色调的图和
暖色调的图中都用青蓝色来画天空呢？
有的同学可能会说，因为天空本来就是
蓝色的。从颜色冷暖的角度解释：因为
蓝色的颜色是冷的，而天空在画面中距
离观众最远，所以使用低饱和度的蓝色更
容易拉开空间！

图 7-15

仔细观察一下，远景的山石的固有色
虽然是黄色，但都是带有蓝色倾向的黄色。
在场景中一般使用冷色处理远处的空间，
因为冷色有一种"远离画面"的感觉，暖
色有一种"靠近画面"的感觉。并且，将
冷色和暖色放在一起的话，大多数人会习
惯先看暖色。例如，绿色树叶中藏着红色
的果实，人们都会先看到果实而忽略树叶。
这种习惯是受人类的生理特点影响而形成
的，在绘画的时候也可以利用这种习惯。

所以，任何颜色的冷暖都是相对的！
单拿出一种颜色说它是冷色还是暖色，在
绘画中没有太大的意义。因此，大家并不
需要死记硬背颜色的属性，只要整体地看
待画面，能感受出相对的冷暖就足够了。

图 7-16

7.3 剪裁与色彩搭配

众所周知，黄金比例是 1：0.618，但画图的时候很难做到如此精准地划分比例。所以很多设计师为了协调比例，会将画面按照 6：3：1 的比例拆成三份，接下来要讲的黑白灰剪裁和色彩搭配都是建立在这个比例的基础上的。本节讲解剪裁与色彩搭配的知识，包括剪裁的概念、黑白灰层级划分、黑白灰剪裁与色彩搭配等内容。

7.3.1 剪裁的概念

要讲色彩搭配，就需要先了解一些"剪裁"的知识。那么什么是剪裁呢？其实很简单，一说就懂。依旧用樱桃来举例，如果要将右图的樱桃做一个结构拆分，就可以简单地将其分为可以吃的"果实"部分和连接果实的"柄"部分，如图 7-17 所示。

图 7-17

那么对于外观和樱桃相似的水果，都可以使用同样的拆分方式进行结构拆分，如苹果。将某个物体按照这一方式做拆分，就叫作剪裁。如果两个物体的外形相似，就可以使用相似的剪裁方式进行拆分。举个角色设计的例子，如图 7-18 所示。

图 7-18

这是一个学生的作业，可以看出左右两张图的线稿是完全相同的，只是左右两边的明度填色方式不同，从而产生了两种不同的画面效果。两张图都用了三种深浅程度不同的灰色来填充，可以将这三种灰色按照深浅程度概括为"黑、白、灰"。

左图以"黑色"填充60%的面积，"灰色"填充30%的面积，"白色"填充了10%的面积。而右图用"黑色"填充了80%的面积，"灰色""白色"各填充了10%的面积。左边的黑白灰比例符合6∶3∶1的比例，画面节奏比较合理，颜色层级也比较丰富，而右图"黑色"占比太多，使画面显得有些沉闷。

在线稿确定之后，用不同深浅程度的灰色为角色填色的方法，称为"做剪裁"。做剪裁的时候只使用"黑、白、灰"，如果这三种颜色的面积占比为6∶3∶1，就可以使画面的节奏、颜色层级更加合理。也就是用一种颜色填充大部分面积，做出整体效果，将其他两种颜色作为辅助和点缀，用以对剩余面积进行填充。

7.3.2 黑白灰层级划分

将黄金分割比例简化为6∶3∶1时，就可以将画面按比例拆分为60%的主要区域、30%的辅助区域和10%的点缀区域。每个区域对应不同的颜色，即分别对应主色、辅色和点缀色。

但是在实际绘画中，搭配的颜色并不只限于三种颜色，每一种颜色层级内部都可以细化出更多的层级，"黑白灰"只是一个整体概念。这种由整化零的思路，也是第3章讲到的分形的思路。

举例说明，可以认为画面是一个整体，可以使用的颜色明度值域为0~100，那么在做黑、白、灰剪裁的时候，可以设定"白色"的明度值是80、"灰色"的明度值是50、"黑色"的明度值是20，如图7-19所示。如果每个明度值之间的差值在30左右，那么人眼就可以很明显地将黑、白、灰区分开。

将"白色"分出"亮白、中白、暗白"三个层级，分别设定三个层级的明度值："亮白"85、"中白"80、"暗白"75。同理，将"灰色"也分出"亮灰、中灰、暗灰"三个层级，分别设定三个层级的明度："亮灰"55、"中灰"50、"暗灰"45。这样"亮灰"与"暗灰"之间明度差是10，"亮白"与"暗白"之间明度差也是10。"暗白"的明度值是75，"亮灰"明度值是55，二者之间差值是20。

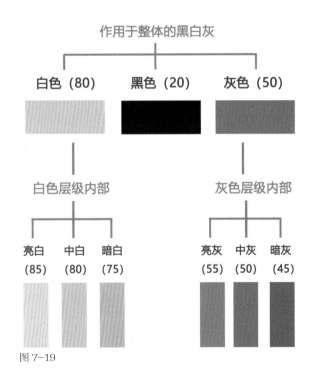

图7-19

也就是说，即便黑、白、灰的内部再分裂出更小的层级，层级内部的明度差值（10）仍小于整体黑白灰之间的明度差值（20）。这样在整体看图的时候，仍然可以看出画面中有明显的"黑、白、灰"三个层级，同时局部细节之间的明度差又足以让人看清结构之间的差异。

**一例
通理**

到之前的案例中，将角色整体的黑、白、灰搭配好以后，将着眼点放在颜色层级内部。由于头发和皮肤虽然同样是"白色"层级，却处于不同的结构，将"白色"层级的明度值设为80，也没办法将它们区分开，所以需要在"白色"层级内部设置更小的明度差来做区分。在整体中，黑、白、灰的明度差值是30的话，那么在"白色"层级中，细分的层级明度差可能就要相差10，效果如图7-20所示。

头发、皮肤、披风、袜子的"白色"明度都是不同的，披风的明度明显高于头发的明度，头发的明度高于肤色的明度。在单种颜色层级有差异的同时，整体看起来依然是"黑、白、灰"三个层级。

图7-20

7.3.3 黑白灰剪裁与色彩搭配

当线稿中结构不是很明确的时候，也可以用明度来区分结构。举一个衣服结构的例子，穿衣服时得先穿好里面的一件，才能穿外面的一件，如图 7-21 所示。

左右两张图使用了同一幅线稿，左图的黑白灰剪裁就会让人感觉上衣和袖子是一个整体。而右图会让人觉得角色穿了长袖 T 恤，在外面又套了一件无袖的外套。保留之前的黑白灰剪裁，再对服装进行颜色搭配，就可以做出图 7-22 所示的效果。

左边角色除了肤色以外，其他颜色几乎没有调整，只是改变了色调。右边角色的肤色、长袖 T 恤、里面的马甲都改变了颜色，其他部位同样只在原有的黑、白、灰基础上调整了色调。其实两种颜色搭配的效果都还可以接受，但如果想要颜色搭配层级更丰富一些，右图会好很多。

图 7-21

图 7-22

如果做黑白灰剪裁的时候使用服装穿搭的思路，每一层衣服都使用不同明度的黑、白、灰，这样搭配的服装层次就会非常鲜明，而服装本身的穿插结构也会使画面中的色块变化更丰富。这样即便使用同一幅线稿，也可以做出多种不同类型的服装搭配效果。在此基础上搭配颜色，可以做的色彩搭配就会非常多。如果遇到甲方说"换一个色彩搭配试试"，那只需要在剪裁的基础上换几种颜色搭配即可。

一个好的设计，必定要先有一个合理的黑、白、灰关系作为配色的基础。在配色之前，先为角色做黑白灰剪裁，并且按照 6：3：1 的比例进行划分，之后在此基础上再进行色彩搭配，就可以做出多种尝试。只要开始的剪裁做得好，后面无论怎么搭配色彩，都不会有太大的失误。

例如，图 7-23 所示是我的一套角色设计，不需要看大图，直接看小图的黑白灰剪裁就能感受到一定的画面节奏。

图 7-23

如果说一套线稿可以做出很多种剪裁，那不同的线稿想要突出剪裁的特征就更容易了。在黑、白、灰关系确定的前提下，单独变换任何一个层级的颜色都可以做出明显的改变，如图 7-24 所示。

图 7-24

虽然看不清角色的细节内容，但仅凭色块就能够识别角色的特征。这些角色用到的配色并不多，除了本身的黑、白、灰以外，每个角色最多用了两类色调进行搭配，却仍然能体现出各自的特色。所以想要自己的设计令人印象深刻，并不需要绚丽的色彩变化，仅凭好的图形结合黑白灰剪裁，就能保证设计质量。举个学生作业的例子，如图 7-25、图 7-26 所示。

图 7-25

图 7-26

　　这位同学在黑白灰剪裁的基础上，做了三种不同的色彩搭配尝试。具体步骤是确定了黑白灰剪裁之后，首先确定肤色和饮料的颜色，因为肤色最容易确定，饮料色的面积小不会影响画面整体效果。之后就着手在原有的黑白灰剪裁上修改大面积的主色区域。可以看出角色大部分的颜色修改出现在服装和头发上。这三种搭配方案分别使用了"红色 + 粉色""青色 + 黄绿色""蓝紫色 + 橙色"进行搭配，可以看出，无论哪种搭配都不会出现太大的违和感。先使用黑白灰剪裁打底，再加入主色、辅色、点缀色的做法，会大大提高配色后画面效果的稳定性。

7.4　色彩搭配方法

　　在平面设计中，图形的大小、方向、用色都是很有讲究的，原画设计也一样。了解色彩本身包含的情感语言，并掌握合理的搭配方法，可以使原画设计的色彩搭配更和谐。本节讲解色彩搭配方法，包括色彩语言的介绍、单色搭配和多色搭配的知识，以及取色范围的设定。

7.4.1　色彩语言

　　在很多知名的动漫角色设定中，男主角一般都是红、橙、黄这类暖色系配色，表现出这个角色阳光、活泼、积极、热情的性格。男二号一般是青、蓝、紫这类冷色系配色，表现出这个角色内敛、忧郁、深邃、冷静的性格。例如《火影忍者》中的"鸣人""佐助"。如果在设定角色的时候，能够融入色彩所代表的情感语言，那么角色性格就能够更直观地体现出来。

看到一个角色，第一眼看到的就是色彩搭配的信息。色彩运用得当，可以让观众一瞬间就了解角色！而这种理解，不是通过语言、文字等信息得来的，而是通过潜意识中对色彩语言的认知得来的。

关于色彩语言的学习，大家也不要想得特别复杂。说到底，色彩语言只是对于大多数人来说的一种共性认知。就像图形语言一样，大多数图形是由几个基础图形混合转化而成的。色彩语言也是同样的道理，可以先理解主要颜色的色彩语言，然后再将这种色彩语言运用于同范围的颜色。大家可以先记忆"红、橙、黄、绿、蓝、紫、白、黑"这八种主要颜色的色彩语言。其代表的语言如图7-27所示。

例如，红色的色彩语言有激烈的感情和爱情，那么与红色相关的深红、浅红、红橙、紫红等颜色也会包含这些语言。在上色之前，可以先思考正在设计的角色是什么性格，再挑选符合性格的颜色，这样设计出来的角色性格会更加直观。

色彩语言对照表

红色:	激烈的感情, 危险, 兴奋, 愤怒, 爱情	蓝色:	忧郁, 科技, 孤独, 稳重, 自由, 消极
橙色:	活泼, 开朗, 朝气蓬勃, 温暖, 热情, 有食欲	紫色:	神秘, 高贵, 典雅, 梦幻, 妖艳, 魅惑
黄色:	警示, 希望, 聪明, 天真, 信心, 活跃	白色:	圣洁, 和平, 正义, 寒冷, 空虚, 死亡
绿色:	生命, 自然, 安全, 健康, 和平, 新鲜, 清新	黑色:	智慧, 庄重, 阴郁, 深邃, 严肃, 厚重

图 7-27

7.4.2 单色搭配

如果将颜色搭配分类，可以单纯地分为单色搭配与多色搭配。单色搭配指的就是在做好的黑白灰剪裁上直接加一个颜色倾向，整体效果与黑白灰剪裁效果相比，差异不大。

图7-28中的两张图就是在原本黑白灰剪裁的基础上增加了部分色相变化，人物除肤色外的色彩全部偏向蓝紫色，再加上肤色，就可以给人一种上过颜色的感觉。这样的颜色搭配方式，可以称为单色搭配。单色搭配就是全身只有一种颜色倾向，配色的整体效果在黑白灰剪裁的阶段就已经完成了，增加颜色后不会给人以惊喜的感觉，也不会让人失望，是一种中规中矩的配色方式。

图 7-28

01 回到之前的案例。也许有同学想问，为什么要用这张法师图作为贯穿全书的案例呢？是因为这张图的设定非常规矩，虽然它并不出众，但每个步骤都蕴含了绘画的知识。这种规矩的设定呈现出的最终效果不算惊艳，但可以被大多数人接受。

黑白灰剪裁是在剪影的上方新建图层而得到的。每一个色彩层级都单独放在一个图层中，并为每个图层都创建剪贴蒙版。确定好黑白灰剪裁之后，开始调整每个层级的具体颜色倾向，如图7-29所示。

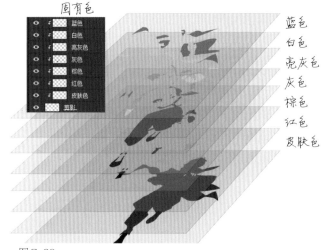

图 7-29

02 将每种颜色都调整好之后，就可以将分层的色彩合并为一个固有色图层，如图 7-30 所示。

图 7-30

03 这幅作品用的也是单色搭配，披风的里面使用了饱和度较高的蓝色，火球使用了紫色，眼睛使用了红色，如图7-31所示。

可以发现，上色后的效果，是由原本黑白灰剪裁的基础上加了一个蓝、紫色的颜色倾向而得到的。

图 7-31

7.4.3 多色搭配

单色搭配的效果让人觉得合理，但不会太惊艳。那么要让人感到惊艳，就需要搭配多种颜色。只有搭配的颜色数量足够多，才能做出"主色、辅色、点缀色"的区分。

图 7-32 所示是我做过的一个欧美动画风格的科学家角色设计。单看左边的黑白灰剪裁，会觉得人物肤色和白大褂的明度是一致的。看到右图的上色效果可以发现，肤色和白大褂的色彩关系区分得很明显。这是因为皮肤的暖色和白大褂的冷色，可以在冷暖倾向和饱和度不同的情况下拉开色彩关系。

图 7-32

也就是说，如果想把角色的色彩搭配效果做好，可以使用明度相同、饱和度和冷暖倾向不同的颜色进行搭配。这样搭配出的色彩不仅能拉开色彩关系，还可以令观众印象深刻。

图 7-33 所示是法国画师 zedig 的作品。他善于使用明度相似的颜色进行搭配，再通过调整冷暖倾向及饱和度进行色彩对比，使得完成的画面效果很出色。同时，多色搭

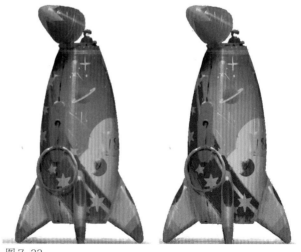

图 7-33

配也是一把双刃剑，搭配不当会破坏设计效果。

图7-34所示是一个学生的作品，其在黑白灰剪裁上做得还可以，但他的配色过于复杂，绿色、青色、蓝色、红色、粉色、紫色……他用到了很多颜色，使得局部的冷暖倾向和饱和度对比太强了，以致画面看起来很混乱，缺乏重点。

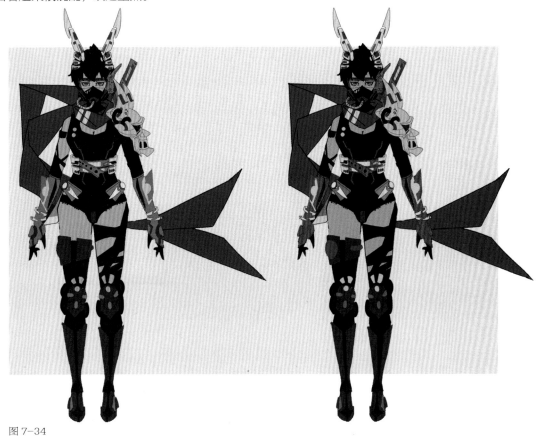

图7-34

如果画师对色相、饱和度、明度的对比关系控制得当，多色搭配可以使画面内容更加丰富出彩。如果画师对色彩的控制能力不够，可以使用单色搭配进行配色练习。

💬 **小贴士**

判断一个角色色彩搭配的好坏，可以先看一眼角色的色彩搭配，再关闭这张图。如果自己脑海中还可以浮现出这个角色的色彩搭配，就说明这个角色的色彩搭配比较合理。

7.4.4 取色范围

显示器的色差问题也是令大家很苦恼的，我工作时用的两个显示器的色差问题就很严重，如图7-35所示。

图 7-35

就暗部色来说，在左边显示器中能明显看出画面暗部的细节，在右边显示器中就无法看清。如何处理色差问题呢？有些同学会将作品导入手机或者平板查看效果，这是一个很好的方法。但如果手上的设备有限，就需要控制取色范围。可以在拾色器中设定一个框，如图 7-36 所示。

在配色阶段，尽可能使用红框内的颜色，不要将红框外的颜色作为固有色和暗部色。红框的大小可以扩大或缩小，但距离拾色器选框边缘要有一定的宽度。

图 7-36

这样做是有意识地控制色彩的饱和度和明度，为之后的刻画留出空间。因为在色彩搭配阶段，只做了各个层次的固有色，还没有做投影和高光这些强化表现力的部分。例如：高光需要用到最高明度的颜色；投影需要用到最低明度的颜色；明暗交界线需要用到饱和度最高的颜色。如果在搭配固有色阶段就将颜色用尽了，之后刻画就没有再强化的空间了。

💬 小贴士

相信很多同学为了让自己的画达到一个高对比度的效果，会在红框外部取色。有的时候想画一个带有发光效果的角色，很想找比白色更亮的颜色表现。然而拾色器中能用的颜色就这么多，不可能有比白色更亮的颜色。想要突出某个地方亮，就需要通过其他地方对比、衬托，而不是一味地用亮色。有的画面会出现"油""脏"的问题，就是这个原因。

7.5 色彩调整方法

数码绘画的优势之一就是可以随意调色，填上颜色以后，可以按照自己的喜好慢慢调整色彩，直到对每种颜色都满意为止。不要以为这个过程浪费时间，事实正好相反，经过反复调整得出的结果，一定是经过对比得出的最优选择。利用数码绘画，大家可以把配色效果做得更好。本节讲解色彩调整方法，包括调整单色、暗部色和线稿色的方法。

7.5.1 调整单色

在画布中用了一种颜色，可以执行菜单栏中的"图像→调整→色相/饱和度"命令，打开"色相/饱和度"对话框，如图 7-37 所示。

通过调整色相、饱和度、明度的滑块，可以将当前颜色调整成任何一种想要的颜色。如果大致确定想要使用的颜色后，想要在此基础上进行细微的色相变化，可以执行菜单栏中的"图像→调整→色彩平衡"命令，打开"色彩平衡"对话框，如图 7-38 所示。

可以将目标颜色向"青色/红色""洋红/绿色""黄色/蓝色"这六种颜色方向调整。在调整"色相/饱和度""色彩平衡"的过程中，可以在画布上实时预览颜色的变化效果。灵活使用这两个功能，可以调出理想的颜色。

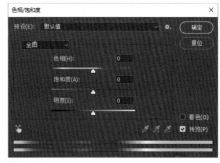

图 7-37

图 7-38

一例
通理

01 按快捷键"Ctrl+U"也能打开"色相/饱和度"对话框。调色时需要特别注意，当目标颜色没有色相，如头发的灰色，在"色相/饱和度"对话框调色是不起作用的，如图 7-39 所示。

如果底色没有色相，即使饱和度调到最高，也没有颜色

图 7-39

02 出现这种情况，是因为没有勾选"着色"复选框。当勾选"着色"复选框以后，原本的灰色就会产生颜色倾向。这时候可以任意拖动色相、饱和度和明度滑块调出自己喜欢的颜色，如图7-40所示。

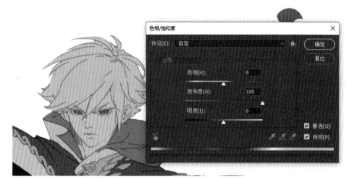

图 7-40

03 如果在调色之前没有把当前图层的透明度维持在100%的状态，调色时不透明的部分就会和下面的底色发生冲突，如图7-41所示。

有透明度，不换色相时没有问题　　更换色相，不透明度区域就会出问题

图 7-41

04 固有色边缘也要和线稿完全贴合，否则很容易造成固有色边缘残缺不全或超出线稿的情况，如图7-42所示。

图 7-42

7.5.2 调整暗部色

掌握了调色的方法，控制画面效果的关键就在于调成什么样比较合适。在调整光影二分和白模时，需要注意暗部的饱和度和冷暖倾向。关于暗部的饱和度，举个例子说明，如图 7-43 所示。

我画了两种不同饱和度的暗部，左边角色暗部的饱和度比亮部的低，而右边角色暗部的饱和度比亮部的高。左边角色看起来并没什么大问题，只是有点"脏"，而右边角色就没有这种"脏"的感觉，这就是暗部饱和度不同带来的效果差异。

图 7-43

在调整角色设计的暗部的光影二分颜色时，切记明度不要太低，与亮部有明显差异即可。剩下的对比，交给饱和度和冷暖倾向。一般暗部色的饱和度要高于同固有色下亮部的饱和度，这样做出的效果就像是右图，看起来颜色比较通透。左图中人物的肤色和发色明显更灰一些，暗部色的饱和度比亮部低，让人觉得有点呆板、沉闷。

一例通理

回到法师的案例，前面已经做好了"剪影""线稿""白模""光影二分""固有色"图层，接下来就该调整图层的属性和颜色了。

01 调整的方式是将"剪影"图层放在最下方，作为底部选区范围。将"线稿""光影二分""白模""固有色"图层依次从上向下排列，并且创建剪切蒙版。把"线稿""光影二分""白模"的图层混合模式调整为"正片叠底"，如图 7-44 所示。

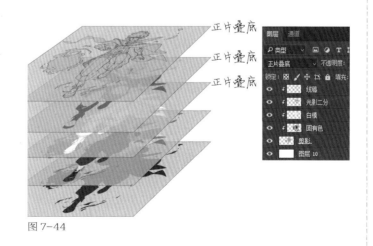

图 7-44

02 接下来，按住"Ctrl"键的同时单击"固有色"图层的图标，就可以将这个固有色范围做成选区。再单击"光影二分"图层，按快捷键"Ctrl+U"打开"色相/饱和度"对话框，就可以调整固有色下"光影二分"图层暗部颜色倾向了。这时候务必记得勾选"着色"复选框，如图7-45所示。

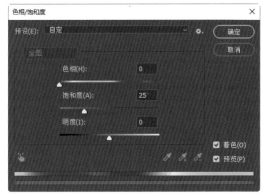

图 7-45

03 这种选区调色法，可以应用于各个图层的整体调色。在处理亮部和暗部冷暖关系的时候，把暗部调成冷色倾向，并且提高饱和度，就产生了图7-46所示的变化。

调色后的暗部看起来颜色变化更多、更饱满，调色之前感觉有些脏。这就是将暗部调成冷色倾向，并且提高饱和度后的效果。有时候一点点的色彩调整就可以改变画面整体的感觉。

"白模""光影二分"图层没有调色时的效果与调色后的效果对比

图 7-46

调整暗部颜色的冷暖是对于新手而言的一个入门级规则，暗部使用饱和度高的颜色更容易做出通透的效果，相比之下，暗部使用灰色就比较沉闷。当画师将色彩运用熟练后，就可以不按照固有的风格来调色，可以多做一些新的尝试，形成自己独特的色彩风格。

7.5.3 调整线稿色

调整线稿色是一定要做的，但很多同学会忽略这个步骤。线稿的颜色是很重要的，尤其是在绘制二次元风格的人物时，画面的干净、清晰是很重要的。

图 7-47 是一张学生作品，可以看到画面中角色的边缘结构干净、清晰，并没有乱和脏的感觉，而且轮廓清晰，线稿的颜色也单独调整过。二次元风格的画法并没有太多的过渡刻画，所以要把结构边缘干净、清晰的特点表现出来。如果没有调整线稿的颜色，就难以得到干净、清爽的画面。而厚涂为了表现写实效果，更应该在刻画之前就将线稿的颜色与相邻固有色统一起来。

图 7-47

一例
通理

01 具体的线稿色调整方式是，先把"线稿"图层的图层混合模式设为"正片叠底"，再按组合键"Ctrl+U"打开"色相/饱和度"对话框，勾选"着色"复选框，将"明度"调高，这时画面中的线稿颜色会变淡。然后再将"饱和度"调高，稍微拖动"色相"滑块改变色相，线稿色的调整就完成了。效果如图 7-48 所示。

图 7-48

02 对比一下线稿调整颜色前后的变化，如图7-49所示。左边的图是没有调整线稿颜色的效果，右边是调整后的效果。

调色后的线稿

没调色的线稿

图 7-49

03 黑色的线稿刻画效果与调色后的线稿刻画效果，如图7-50所示。

黑色的线稿刻画效果

调色后的线稿刻画效果

图 7-50

下一章会详细介绍刻画，刻画的基本手法就是吸取边缘线稿颜色，向内部做过渡融合。在图7-50中绘制披风时使用的都是同一种刻画手法，但左边线的颜色是黑的，而且在吸黑色向底色过渡的过程中很难保持画面不脏不黑。而右边的绘画过程却很轻松，只画几笔就可以把线融入底色。而且由于"线稿"的图层混合模式是"正片叠底"，调色后，线稿叠在底色上的部分会产生和底色相同的颜色倾向。吸取这种颜色再进行刻画，会让过渡效果更自然。

第 8 章

五调子与刻画

8.1 素描五调子

在做刻画的时候，很大一部分工作是在用色彩完善素描关系。将每一种颜色在不破坏素描关系的前提下做细致的过渡，这就需要对素描关系有一个很充分的认识。本节讲解素描五调子的知识，包括素描五调子的含义，用图形概括素描五调子和强化素描五调子的方法。

8.1.1 素描五调子的含义

说到素描，有美术基础的同学可能会联想到素描几何体，对素描五调子有一个大概的印象。想要一个物体有明暗变化，前提是有一个明显的光照环境。如果是处在阴天光下的物体，就没有很明显的明暗变化。素描五调子就是将物体在光照下产生的明暗变化概括为五个层次。在第 6 章中，曾提到过我的素描五调子理论。我和别人的素描五调子理论的具体内容如图 8-1 所示。

图 8-1

我的素描五调子理论是将一个受光物体分为"亮面""暗面""明暗交界线""高光""反光"五个层次。有些画师会将"投影"单独看作一个调子，大家不必纠结，每个画师的理论体系都不太一样，而且绘画本来也有风格派系之分，大家选取自己可以接受的知识点进行学习即可。懂得绘画的核心才是最重要的，也就是研究"为什么这样做"，而不应该总想着"怎么做"。

任何物体都不可能只由几个面、几个调子就全部概括出来。其实可以把素描五调子理解为专门供新手学习的素描入门知识，划分素描五调子的目的是告诉大家：在光照下，物体会呈现出较为明显的五种明暗变化，在绘画中如果能将这五种明暗变化表现出来，画出来的物体就会更真实。

素描五调子，就是对光影呈现的概括。画师入门时要锻炼的能力就是概括能力，如速写就是将复杂的物体通过主观概括，用线条等手法快速绘制出来的一种绘画方式。在学会概括之后，再学习刻画就会容易很多。其中素描就是将速写中概括的内容细致地刻画出来，而色彩就是在素描的基础上画上颜色，将黑、白、灰转化为彩色。因此不论以何种方式呈现，绘画的本质是相同的，如一些知名画家的素描和油画作品几乎没什么差别，如图 8-2 所示。

为什么相机问世这么久，绘画这种艺术形式仍然得以保留呢？因为绘画是通过画面表达艺术家个人对某种事物的认知。相机没有独立思考的能力，只能通过物理原理机械地反映真实情况，不会像人一样进行艺术加工和概括。所以时至今日，绘画这种艺术形式仍然没有被摄影取代，得以保留。

早期画师们通过不断概括与总结，终于发现使用素描五种调子概括一个物体，既能表现物体的真实性，也便于新手进行绘画学习。在研究知识的时候，不应该只是理所当然地接受前辈们总结的知识，还要自己思考这么做的原因，追本溯源才能产生新的思考。

约翰·辛格·萨金特的素描与油画作品

图 8-2

8.1.2 用图形概括素描五调子

想要利用素描五调子刻画一个物体，就需要对素描五调子有充分的认识。刻画的过程，就是用图形将素描五调子逐步呈现出来的过程。在刻画初期，要先简单地将素描五调子的区域划分出来，最好的方式就是先用图形将素描五调子区域概括出来。

下面的案例是我的一幅作品中人物身上的局部装饰，我想要画出麟甲的感觉。接下来用它为大家讲解用图形概括素描五调子的方法。

01 用光影二分法，做出麟甲部分整体的光影二分关系，也就是用图形概括出麟甲的亮部和暗部，如图 8-3 所示。

图 8-3

02 然后给暗部加入一层暗面图形。因为麟甲的表面是圆弧形的，所以暗部会有一个向内凹陷的、更暗的区域，如图 8-4 所示。

图 8-4

03 同理，在亮部增加一层亮面图形。因为亮部又可以分为被光直射的面和被光斜射的面，所以这一步是将非直射的斜面区分出来，如图 8-5 所示。

图 8-5

04 现在画面中已经有四个面了，接下来在亮部加入最亮的高光图形，到此麟甲的素描五调子就全部用图形概括出来了，如图 8-6 所示。

图 8-6

05 将原本隐藏的底色显示出来，大家可以看到麟甲的部分已经有了体积感，如图 8-7 所示。

也就是说，这张图将麟甲用两个暗面、两个亮面、一个高光面，总共五个块面概括地表现出来，使麟甲有了体积感和转折感。这就是用图形概括素描五调子的方法。

肥鹏提问

光影二分是直接将体积区分成亮、暗两个面，用图形概括素描五调子就是在光影二分的基础上将亮、暗两个面再次进行二分。那么有没有可能在画图时延用这种思维模式，将体积无限地二分下去呢？即把本身的两个调子，逐渐分为三个、四个、五个，甚至无穷个。如果能让每个光照角度都有一个块面区分，是不是就能画出真实的图呢？这个问题留给大家思考。

图 8-7

8.1.3 强化素描五调子的方法

很多同学画石膏的时候，由于石膏的块面结构都很分明，看到什么就画什么，自己没有用图形概括素描五调子，所以脱离了石膏以后，就很难画出体块分明的感觉。例如，很多同学会参考照片画画，画的时候很容易抄照片的表面色彩和明暗变化，导致画出来的物体结构、光影关系很混乱。

这时就需要画师具备提炼素描五调子的能力。有提炼能力的画师和没有提炼能力的画师相比，即便是临摹同一张照片，也会有明显的高低之分。

在图8-8中，左图鸟的照片中没有明显的光影，体积感也不强，所以临摹时很容易忽略素描五调子。第一张临摹作品一味地照搬颜色，并且画了很多过渡，导致体块结构不清晰，画面关系混乱。而第二张临摹作品提炼出了素描五调子，使小鸟的体积结构明确，层次分明，干净利落。

临摹同一张照片后的两种不同效果

图8-8

同时，进行虚实处理也是强化素描五调子的一个方法。在刻画中，有时候要主观地进行虚实处理，这种虚实类似于摄影的聚焦，使焦点以外的画面变得模糊。主观的模糊处理会让人眼第一时间忽略重点以外的区域，突出主题，让画面更有层次。举个我做临摹练习的例子，如图8-9所示。

照片的光影对比强烈，暗部结构不清晰。我在临摹的时候，有意识地刻画了嘴巴以及头骨部分的结构，并且只画了眼睛附近的皮肤纹理，把其他部分虚化概括处理。这样就使画面有实有虚，观众在第一时间就能看到我想表达的重点，也使画面的素描五调子层级关系更清晰。

做临摹练习时，要主观地处理画面虚实关系

图8-9

临摹练习不能单纯地"所见即所得"，做"人肉照相机"肯定不行。想要表达出自己独特的理解就必须有取舍！主观地提炼素描五调子，并且有意识地进行虚实处理，这样有取舍地练习才能真正取得效果。

8.2 明暗交界线

前面讲过的光影二分，其实就是概括地将素描五调子分为亮面和暗面。而在真实的光影关系中，亮面和暗面之间是有明暗交界线作为过渡的。本节讲解明暗交界线的知识，包括明暗交界线的作用和强化明暗交界线的方法。

8.2.1 明暗交界线的作用

在素描中，明暗交界线是素描五调子中最暗的部分。并且明暗交界线是光影二分的交界，如果不考虑固有色的变化，暗部由于受到反光的影响会弱化，使得明暗交界线成为画面中对比最强的部分。明暗交界线能够起到转折、强化体积和空间的作用。

欣赏名家的作品时不难发现，明暗交界线在画面中有着至关重要的作用。以劳伦斯·阿尔玛－塔德玛的油画作品举例，如图 8-10 所示。

图 8-10

图中右边黄衣服的女孩处在强光下，身上的光影层次非常清晰，明暗交界线使亮面和暗面的过渡非常自然，强化了结构的转折关系，增强了体积感和空间感。将这张图放大，可以发现人物的肩膀、腰包下方和裙摆底部衣褶的明暗交界线上，都用了饱和度较高的红橙色，与暗部偏黄绿色的冷色感觉形成对比，如图 8-11 所示。

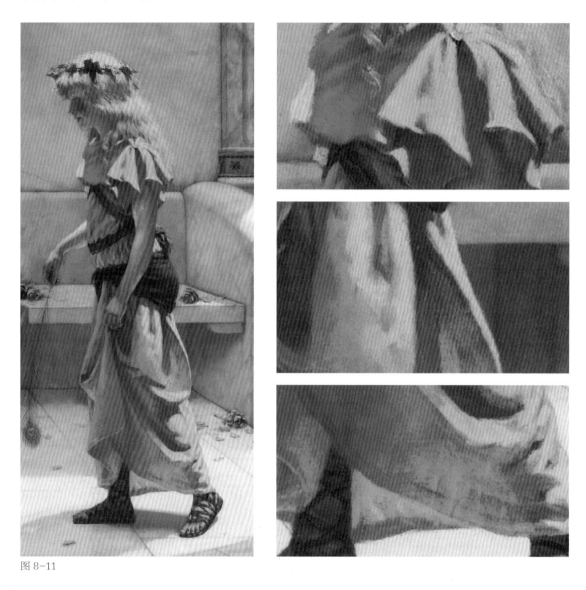

图 8-11

　　如果用相关理论解释这个现象，就是在强光的照射下，黄色的布料产生了泛光，将明暗交界线的颜色映衬成了饱和度较高的红橙色。另外一个重要的原因是，绘画名家懂得用不破坏素描关系、加强色彩对比的方法强化明暗交界线。

8.2.2 强化明暗交界线的方法

强化明暗交界线的方法有两种：一种是降低明暗交界线处色彩的明度，另一种是提高明暗交界线处色彩的饱和度。这两种强化明暗交界线的方法在厚涂或平涂类作品中都可以使用。

01 降低明暗交界线处色彩的明度，如图 8-12 所示。

图 8-12

这是一个学生的作业，他在作业中使用了降低明暗交界线处色彩的明度的方法。可以看到人物的袖子、头发、腿部等明暗交界线部分都有用降低明度的颜色强调过。而且明暗交界线和反光是同属于暗部的两个调子，加重明暗交界线也是强调反光的一种方法。但机械腿的明暗交界线是没有强化的。因为身体部分属于画面重点，机械腿是辅助轮廓图形的陪衬，不强化反而可以丰富画面层次关系。

02 提高明暗交界线处色彩的
饱和度，如图 8-13 所示。

这也是一个学生的作业，他在作业中使用了提高明暗交界线处
色彩的饱和度的方法，可以看出人物胸前、裙摆、皮肤等地方的明
暗交界线部分，都有明显的色相及饱和度变化。虽然角色本身的固
有色搭配较少，但整体给人一种色彩变化丰富的感觉。

图 8-13

对比这两种强化明暗交界线的方法会发现：强化明暗交界线处色彩的明度对比，更容易增加画面
素描关系的层次；强化明暗交界线处色彩的色相、饱和度对比，更容易增加画面色彩关系的层次。两
种强化明暗交界线的方法各有优点，大家可以根据自己的画风选择适合的方法。

8.3 高光和反光

学习了明暗交界线，还剩下与光相关的两个调子：高光和反光。这两个调子是相互依存的，所以需要放在一起讲解。本节讲解高光和反光的知识，包括高光和反光的作用，用高光和反光表现材质的方法，以及高光和反光的色彩特征。

8.3.1 高光和反光的作用

人在观察一个物体时，眼睛会优先注意画面中明暗对比最强的部分。在素描五调子中，最亮的就是高光，同时它与周边颜色的对比是最强的。有了高光以后，人的视线会马上汇集到高光附近。因此，高光的作用之一就是引导视线。优秀的设计师会抓住这一点，在做设计时，哪个位置需要安排画面重点，就会强化哪个位置的高光。

反光是环境给予物体的反射光。反光可以使物体的光影层次更丰富，同时能够强化转折、塑造体积。

高光和反光是相互依存的，物体有高光就会有反光，二者缺一不可。

在图 8-14 中，左图是没画高光和反光的机械球体，右图是加了高光和反光的机械球体。很明显，通过左图只能感受到这是一个球体，无法看出它是由什么材质构成，而右图加入了高光和反光之后，一眼就能看出它的材质是抛光的陶瓷或金属。因此使用高光和反光的作用就是表现物体材质。

有时候无法表现出物体的质感，有的同学就一直在做调子之间的过渡刻画。其实真正该强化的部分是高光和反光，使用正确的高光和反光就能快速表现出物体的质感。比如想做出金属质感，只要将高光和反光的图形画准确，将素描五调子之间的对比度控制好就可以了，如图 8-15 所示。

图 8-14

图 8-15

那么具体如何用高光和反光表现材质呢？如果一个物体的表面非常粗糙，它的高光和反光就会很微弱，如图 8-16 所示。

图 8-16

这是一个表面非常粗糙的球体，材质可能是磨砂类的金属或铅。仔细看的话还是能够看到它的高光和反光区域，但实在太不明显了。两个调子的区域十分模糊，与相邻调子的差异并不大，很难判断出图形范围。在上一张图的基础上稍加修改，如图 8-17 所示。

在图 8-17 中将反光区域的边缘整理得更加清晰，并且提高了反光的亮度。将高光区域提亮，添加了一个明显的高光点，除此之外的部分仍然保留原样。可以感受到修改后的球体变成了抛光的材质，表面感觉更加光滑了。将修改前后的球体放在一起对比观察，如图 8-18 所示。

图 8-17

左图并没有明显的观察顺序，而修改过高光和反光后，大家在右图中第一眼就会看到高光区域，然后是反光区域。也就是说，引入高光和反光这两个调子，并且合理地强化这两个区域，会使人眼对物体的观察顺序产生变化。同时，在同一个材质中，高光微弱时，反光也会很弱；高光比较强烈时，反光也会很明显。

图 8-18

我用之前加了高光和反光的球体，在它的基础上修改了素描五调子各自的颜色和明度，但没有改变每个调子的面积，如图 8-19 所示。

修改后，这个球体的材质完全变成了另外一种，感觉更像是台球，也带有些许玻璃透光的感觉。因此，统一素描五调子的色彩，然后通过修改素描五调子的颜色和对比度，就可以实现材质的变化。

图 8-19

8.3.2 用高光和反光表现材质

画画不仅要画常见物体，还会画一些不常见或虚拟的东西。例如，在画材质的时候，经常会画一些透明或者发光的材质，单靠素描五调子不能将特殊材质分析得很到位。这时有些同学就会产生疑惑："金属的高光和反光还可以使用素描五调子分析，但透明物体和自发光物体不适用素描五调子，在绘画时要怎么思考呢？"

其实并没有那么复杂，可以认为在固定光照下，固定形态的物体受光的区域大致是不会产生变化的。比如，圆柱类物体的受光情况，可以想象成这样，如图 8-20 所示。

图中橙色代表高光，紫色代表反光，绿色代表明暗交界线。明暗交界线到高光之间的部位是亮面，明暗交界线到反光之间的部位是暗面，这样完整的素描五调子就划分出来了。

前面讲到通过修改素描五调子的颜色和明度，就可以实现材质的变化。粗糙材质的表面上的高光和其他调子的对比非常弱，如图 8-21 所示。

而金属材质的表面上的高光和其他调子的对比就非常明显，可以看出高光区域很亮，亮面和明暗交界线之间的对比也很强，如图 8-22 所示。

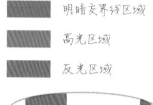
明暗交界线区域

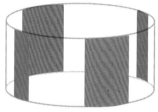
高光区域

反光区域

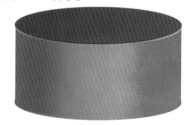
图 8-20

图 8-21

图 8-22

如果只看这两种材质之间的对比，很明显金属材质会更加精致，如图 8-23 所示。

这里需要引起注意！很多人就是看到了这个现象，认为强对比会让画面更精致、出彩，从而不断地强化画面对比，直到画面中黑色不能再黑，白色不能再白的时候才满意，这是一个错误的习惯！对比度的强弱都是相对的，必须先画出弱对比，再增强对比度才能产生足够的效果。

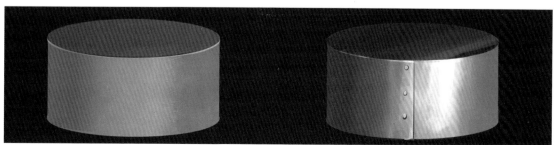
图 8-23

接下来，分析这个红色的玻璃状物体的素描五调子区域，会发现不太寻常的状况，如图8-24所示。

图 8-24

亮面和明暗交界线不好区分，高光和反光区域非常明显，还可以看到内部的样子。可以认为，透明物体最突出的部分就是高光和反光区域。只要将高光和反光表现到位，可以不画其余的几个调子，用内部或周边的内容代替。

素描五调子可以看作是在光源影响下，不发光的物体的受光情况，自发光物体则不受用。因为自发光物体本身就是一个光源，所以材质堆叠最多的部位就是明度最高的。比如，圆柱体上下表面衔接的地方和两边体积转折的地方，都是明度最高的部位，如图8-25所示。

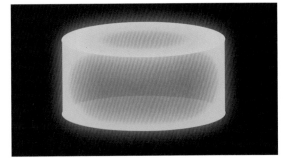

图 8-25

图 8-26

图 8-27

图 8-28

图 8-29

8.3.3 高光和反光的色彩特征

由于做角色设计经常用到不透明的材质，如金属、布料、皮毛、石头、木头等，且不透光材质居多，所以总结一下它们共同的用色特征。用我做过的一张Q版关羽的设计图举例，如图8-30所示。

我在角色的肩膀附近增加了一些金属材质，将金属龙头的高光色与反光色分别拆出来，并标明饱和度和明度，便于分析它们的特征。

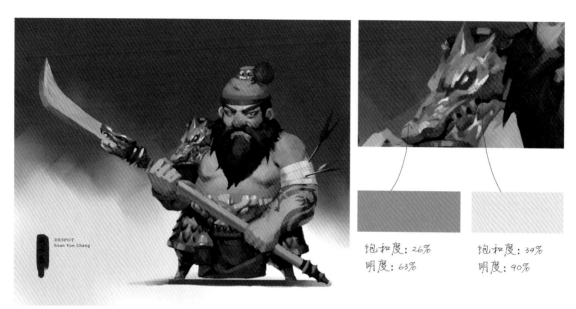

饱和度：26%
明度：63%

饱和度：34%
明度：90%

图8-30

首先，亮部的黄色在全图中属于暖色，暗部的蓝色属于冷色。冷暖对比方面，显然亮部的高光色应该更暖，反光色更冷一些。人眼会习惯性地先看画面中的暖色部分，再注意冷色部分。

其次，处于亮部的高光明度值是90%，比暗部的反光明度值63%明显高出很多。当然，高光本身的明度就是全图最高的，理应强于暗部的反光。这个知识点可以与冷暖关系相结合，即人的眼睛更容易注意到暖色、亮色、饱和度高的颜色。

高光本身用的就是亮色，如果再偏暖一些，高光就是"亮色 + 暖色"，反光是"暗色 + 冷色"，那么人眼就会优先观察高光部分。但是如果高光使用的是冷色，那么高光变成了"亮色 + 冷色"，反光是"暗色 + 暖色"，也许人眼就难以分辨应该优先观察哪个部分，那么画面关系会显得混乱。

最后，亮部的饱和度是34%，暗部饱和度是26%。不过，此处的饱和度值的参考意义不大，因为在不同的画风中，高光的饱和度会有所差别。例如，卡通风格的高光饱和度会稍高一些，写实风格的高光饱和度可能高也可能低。

色彩搭配在设计中，是最能够表现设计师风格的部分。所以这里说的规则只是我个人的一些建议，初学者希望自己的设计效果稳定，就可以按照我的理解学习，避免走一些弯路。如果是有自己风格和想法的成熟画师，可以抛开我的一部分理念学习。

8.4 高级灰刻画

在后期刻画时，使用的过渡方法和画白模时并没有什么不同，只是又增加了一些理论知识。参加过艺考的同学一定听说过"高级灰"这个词，有些人在色彩绘画中喜欢使用"高级灰"来凸显自己的水平。本节就为大家讲解高级灰刻画的知识，包括高级灰刻画的概念和方法。

8.4.1 高级灰刻画的概念

"高级灰"这个词，其实并没有多么神秘，它指的是饱和度偏低，组合在一起通常会让人感觉非常和谐的一系列颜色。这样的颜色单独出现起不到太大的作用，关键在于如何搭配使用。由于颜色的属性是相对的，所以"饱和度偏低"这种说法应该变为"与周边颜色的饱和度相似"。

所谓的高级灰刻画，也就是用类似的低饱和度颜色做刻画。使用高级灰刻画，画面会产生一种素描关系看似很少，但颜色变化非常丰富的效果。这与之前讲过的用 Lab 色彩模式为立方体上色的道理是一样的。

图 8-31 中三个立方体的亮度是相同的，但明显右图立方体的色彩更丰富。右图立方体用 Lab 模式的拾色器选色，在亮度相同的区域，用同明度、不同色相的颜色上色。这在保留了立方体原本素描关系的基础上，使色相变化更丰富。这就是高级灰刻画的方法，它要求画师对于画面中任何一个调子都有较强的控制能力。使用这种方法和画图思路，可以做到不用明度就能表现素描关系，如图 8-32 所示。

图 8-31

原图　　　　　　　饱和度降为零　　　　　保留亮度、去色

图 8-32

原图使用了不同饱和度、不同色相的颜色做头像刻画。将所有颜色的饱和度降为零之后，通过中间的图可以看出，画面中所有颜色的明度是相同的。用图层去色法可以保留色彩本身的亮度关系，得到右图的画面效果，可以看出这张图本身是存在一定的黑、白、灰素描关系的。也就是说，这张图没有用明度变化来表现素描关系，仅凭色相和饱和度就能画出素描关系。

我刚入行的时候听前辈们说，公司的高级设计师都是不做刻画的，他们只做草稿设计图，设计通过之后，就交给新人完成刻画工作。当时还是新手的我，听完越发觉得自己的能力还远远不够。

"刻画这么难，居然在公司里只有新人才做刻画？"

"我现在能力太差了，连新人的工作都做不好！"

这就是当时我内心的想法，然而工作了几年后，我发现刻画真的很枯燥！刻画时大部分的时间都在处理结构边缘的转折关系，擦除一些不干净的地方，以及小心翼翼地用不会破坏整体效果的手法做刻画。举个例子。

图8-33是我参加一个比赛时做的宣传图。单看第一张图的线稿，可以看到有很多细节内容。我从下班画到了深夜，才在左图的基础上画出右图的效果。但是看图8-34会发现仅仅是龙头区域就有很多细节。

看到这里，有的同学会说，画图8-33那么小的区域就要画那么久，那要画出图8-34的效果得多久啊！看一下成图，就会发现其实这个区域细节也只是整个画面中的一小部分，如图8-35所示。

因此，在绘画练习中真正消耗时间的就是刻画。画完这张图总共花了400多个小时，不是因为难画，而是细节实在太多了。回想一下，在绘画中，有多少时间都耗费在刻画上了。如果不可避免地要进行长时间的刻画，就一定要注重知识点的积累和应用，这样练习才能事半功倍。

需要刻画的内容　　　　　刻画后的效果

图 8-33

图 8-34

图 8-35

8.4.2 高级灰刻画的方法

那么具体应该如何做高级灰刻画呢？相信这也是同学们感兴趣的问题。要讲高级灰刻画的方法，就要讲到调子的区分与杂色的关系。有时候看一张图，会被图上的杂色所吸引。其实有一部分杂色是用软件功能调出来的，有一部分是画师直接画的。大家看一下图 8-36 中的动物头像。

左图是该动物的素描关系，中图是在左图的基础上加了固有色并简单刻画后的效果，右图是在中图的基础上，做了相同明度、不同色相的颜色变化。高级灰刻画就是先用带有色相的基本颜色画出如中图的素描关系，然后在不破坏原本素描关系的基础上添加杂色，让画面色彩看起来更丰富。

素描关系　　　　　　　　　加入固有色　　　　　　　　　添加杂色

图 8-36

想要做好高级灰刻画，就需要用到前面讲的用图形概括素描五调子的方法。首先将原图的亮部和暗部用图形概括出来；然后将暗部图形分出偏浅的暗部和偏暗的暗部，图 8-36 所示的动物脖子下方的投影就是偏浅的暗部，耳朵附近的触角就是偏暗的暗部；最后上色时，将这两个部分的颜色整体替换成黄绿色，就出现了右图这样的色彩变化。如法炮制，画面的颜色就能越变越多，这样的做法也叫作"换色"。

高级灰刻画的前提就是素描关系要正确，黑、白、灰层级划分明确。有一个口诀是"亮部的暗部比暗部的亮部亮，暗部的亮部比亮部的暗部暗"。意思就是：第一层二分分为亮部和暗部，之后在已有的二分上再做二分，亮部和暗部内分别又有了亮部、暗部。

大家只要记住，第一层二分出的亮暗关系是明度差距最大的。内部无论怎么做二分，都无法破坏这种对比关系。就像在第 7 章黑、白、灰剪裁里讲的那样，如图 8-37 所示。

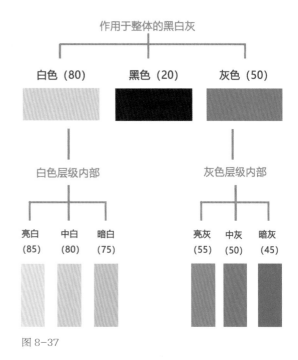

图 8-37

刻画所用的灰度对比，比黑、白、灰剪裁的更弱。若黑、白、灰剪裁中各种颜色层级的内部差是5，如"亮白"85，"中白"80，"暗白"75，那么刻画时用的明度对比就要更弱，可能每种颜色层级内部差只有1。也可以理解为做刻画时，每一笔就是一个图形，每个图形之间的明度差只有1。

用微弱的变化做刻画，让调子之间的对比非常小，这种刻画又称为"短调子"刻画。在刻画的过程中只用明度变化会显得非常单调，所以加入一些明度相同、色相不同的颜色增加色彩变化，这就是高级灰刻画。

一例
通理

01 回到之前的案例中，经过之前的步骤，法师角色设计也终于进入了尾声。接下来，就需要在已经做好固有色搭配的基础上，做一些适当的刻画，如图8-38所示。

设计完成效果

刻画完成效果

图 8-38

02 刻画后与前一阶段相比，除了增加了火焰、锁链和骷髅的效果，整体效果并没有太大的改变。这就是高级灰刻画所起到的效果，也就是在不破坏原本设计的前提下，将剩余的部分合理化。法师角色设计完成后的效果如图8-39所示。

图 8-39

我见过许多角色设计，刻画之后反而没有三视图的效果好，如图 8-40 所示。

也许到现在还有很多人会这么做刻画，甚至误以为这是暗黑风格的画风。然而风格暗黑并不代表画面黑。暴雪公司《暗黑破坏神 4》的角色设定如图 8-41 所示。这才是真正的暗黑风格，虽然画面偏暗，但每个结构和衔接都能看得清清楚楚。

图 8-40

图 8-41

总而言之，练习刻画应该先明确各个调子之间的图形区域，再根据需求调整各个调子之间的明度对比，表现物体的材质，最后在不破坏原本设计的基础上使用高级灰刻画的方式，画出自己想要的画面效果。

8.5 强化画面效果

学习了刻画的基础知识，有没有不那么耗时，既可以"偷懒"，又可以强化画面效果的技巧呢？当然是有的，数码绘画为画师提供了各种增强画面效果的功能。本节讲解强化画面效果的方法，包括添加泛光、自动色调 / 对比度 / 颜色和镜头抖动效果。

8.5.1 添加泛光

将画面刻画完成后，可以考虑给画面增加一些光效。最常见的就是给物体的受光区域加入泛光效果。因为物体会反射光线，表面越是光滑的物体反射的光越强，可以将这种物体反射的光称为泛光。泛光效果可以通过软件的"混合选项"后期添加到画面上，强化画面表现效果，如图 8-42 所示。

左图是刻画完成的效果，右图是添加了泛光的效果。右图在左图的基础上，在球的高光和反光区域、地面倒影、龙角的侧光区域都增加了泛光效果。虽然有些部位增加的光效面积很小，基本看不出来，但通过与原图的对比，还是可以明显感受到画面的变化。通过增加受光区域的泛光，可以使画面看起来更加有质感。

图 8-42

具体的修改方法是，先把泛光单独画在一个图层上，再通过图层的"混合选项"中的"外发光"调节色彩和参数，如图 8-43 所示，具体调节数值需要根据画面效果来定。

一般我会将"外发光"中的"混合模式"设为"滤色",拖动"图素"下面的"扩展""大小"滑块调节发光区域的大小。当调好发光区域大小后,再进行颜色的调整。我都会选择饱和度相对较高且偏冷的颜色作为一般侧光的泛光颜色,具体颜色要看画面效果来定。最后调整"不透明度",做出一种若有若无的效果。

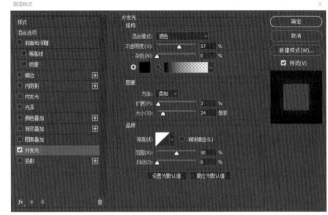

图 8-43

如果给人物添加泛光效果,通常加在人物的侧光部位比较好。因为一般设计中侧面的结构相对较少,用侧光可以实现更多的亮暗分割,丰富轮廓附近的画面节奏。比如,图 8-44 所示原图的边缘有些单调,就可以增加侧光层,并添加少量的泛光效果。

原图 添加泛光效果

图 8-44

需要注意的是,想做出发光效果的话,背景偏暗会比较好。因为这样不需要太强的泛光就可以让人感受到光感,同时也不会破坏画面整体的光影关系,一举两得。

8.5.2 自动色调 / 对比度 / 颜色

有时候画一张图画得时间长了,难免有些审美疲劳。尤其是习惯用弱对比画图的画师,最后往往都需要调整一下画面的色调、对比度、颜色等内容。这时就可以用"图像"菜单栏中的"自动色调""自动对比度""自动颜色"功能来调整画面。用我之前的一张作品举例,如图 8-45 所示。

看左图可以发现整体颜色有些灰，对比度弱。我用"自动对比度"功能就可以将左图调整成右图这样强对比的效果。利用"自动对比度"可以在不改变色相的前提下，由程序计算出对比度的理想效果。

原图对比度

"自动对比度"效果

图 8-45

在菜单栏的相同位置上，还有"自动色调""自动颜色"两个功能，使用这两个功能都可以改变一些颜色倾向。一般用"自动色调"调整过的画面颜色会偏冷一些，而用"自动颜色"调整过的画面颜色会偏黄绿一些，如图 8-46 所示。

一般我在画完图以后会分别使用这三种效果，来看看这张图还有什么其他的可能性。毕竟程序只是通过数据调色，并不代表这样的效果就是好的。而且，这一方法可以让画师暂时跳出之前的画面，换一个画面感觉来思考。

"自动色调"效果

"自动颜色"效果

图 8-46

8.5.3 镜头抖动效果

我由于经常做视频课程，对网上一些流行的视频元素有些了解。在视频中，大家可能会碰到这样的效果：角色边缘有一层红绿色的描边，看起来就像是在拍摄的时候手抖了一下，如图 8-47 所示。

图 8-47

这种效果使画面有一种动感，很多画师都用这个效果增加画面的趣味性。实现方法并不难，使用 Photoshop 也能很轻易地做出来。和添加泛光的方法一样，做这个效果同样需要用到"混合选项"，如图 8-48 所示。

这是"混合选项"主界面，在"高级混合"这一栏里有"通道"选项。通常情况下，"通道"选项中 R、G、B 三个复选框都处于勾选状态。R、G、B 就是实现镜头抖动效果的关键！

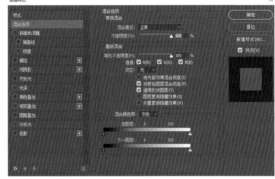

图 8-48

具体的制作方法是，在做效果之前，先将图层整体复制一层，放在一个新图层中，让这个图层处于所有图层的最上方。然后选中这个图层，单击鼠标右键，在弹出的快捷菜单中单击"混合选项"命令，在弹出的"图层样式"对话框中，在"高级混合"下面"通道"中的 R、G、B 复选框中，按照自己的喜好任意取消勾选两个，只保留一个，最后单击"确定"，如图 8-49 所示。

此时画面好像并没有什么变化，不要着急，将这个图层平移几个像素，就能发现边缘产生了色相变化。如果保留的是 R 通道，那平移后的画面中，边缘会显现出红蓝色的色相变化。按照这个方法，就可以调出自己喜欢的镜头抖动效果了。

将图层整体复制一层放在顶层，在"混合选项"中只保留一个通道

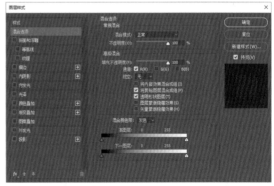

图 8-49

 肥鹏有话说

讲了这么多刻画知识，以及强化画面效果的方法，可能有的同学会觉得很有难度。其实在角色设计中，几乎是用不到刻画的，尤其是高级灰刻画。单做角色设计的话，能做到简单地刻画出明暗交界线、高光和反光即可。如果要做角色设计，能够按部就班地把前面的知识从头学到尾就足够了。刻画的知识在美宣图中会用得比较多，我只讲了几种强化画面效果的方法，其余需要大家自己举一反三，多做探索，多尝试，说不定可以制作出自己专属的效果。

第 9 章

知识梳理
与拓展

放弃画画

9.1 拆分知识点

我把学习知识分为三个部分，首先将知识体系拆分成小的知识点，然后通过生活积累验证知识的正确性，最后对知识点进行专项练习。当掌握了每个小知识，整体的绘画水平就会有所提升。本节讲解拆分知识点的内容，包括通过生活案例拆分和通过优秀作品拆分两个方面。

9.1.1 通过生活案例拆分

在本书第 1 章就讲了要从生活中积累绘画知识，提高审美能力。然而在生活中积累到了很多素材，并不代表就能掌握其使用方法。如何才能将积累到的知识转化为确切的绘画知识呢？这就要用到拆分知识点的方法。

那么该如何拆分知识点呢？这里我将从两个方面讲解拆分的思路。一方面是偏理性的知识，告诉大家如何用理论解释眼前的现象；另一方面是偏感性的感觉，告诉大家如何依靠理论做到类似的效果。

例如，想拆分光影的知识点，首先需要对光影的基础知识有一个大概的了解，然后将光影应用到一个实际的案例对象中进行分析。可以先回忆一下在以往的生活积累中，什么物体是造型简单、块面分明又经常能看到的呢？这时就会想到楼房，它算是比较好的参考对象。在阴天无光照时和晴天有光照时，分别拍两张楼房的照片进行对比，如图 9-1 所示。

图 9-1

从这两张图可以看出，阴天时楼房最亮的面是朝向太阳的。阴天拍摄的楼房整体的亮面朝向是不变的，只是没有明确的光影呈现。在有明显光照的晴天，可以发现光影的图形非常明显，并且亮面的明度会比较高。但是对比发现，两张图暗部的颜色是没有太大变化的，晴天时楼房的暗部颜色稍微暖一点。

通过这个现象，我想到了在绘画中可以将"白模""光影二分"进行拆分。可以认为阴天时的楼房是有颜色的白模，想要改成有光照射的情况，只要新建一个光影二分图层单独画亮面就行了。有了白模的底子，再绘制亮部就不容易破坏素描关系。这就是一个将"白模""光影二分"的知识从一个物体上拆分出来的案例。观察特定的物体，就用特定的知识，这就是拆分知识的方法。

如果细心观察，会发现在生活中有很多这样能验证的知识。先积累相关的知识，再集中精力观察，想清楚为什么这样，如果改变某个条件会怎么样。当自己觉得积累的知识足够多以后，为自己制定集中训练，让知识融入自己的作品。真正了解了这个从学习到动手的过程，才能持续进步。

当然美术中还有很多知识可以进行拆分，但需要注意的是，拆分出来的知识不能生搬硬套，要清楚地知道为什么和怎么做后再应用。最后将拆分好的知识归纳总结，形成的知识体系才是自己真正掌握的。

9.1.2 通过优秀作品拆分

绘画创作时都会找参考作品，但很多人能看出参考作品好，却不知道为什么好。即使是临摹，也不清楚临摹时重点要练什么。这导致他们在绘制原创作品的时候不知道该从何下笔，只会按照临摹练习时的方法画图，换个题材就不知道从何入手，画出的效果很不理想。

正确的方法是拿到一张参考作品后，先分析它值得参考的点有哪些，这些点为什么值得参考，然后有针对性地临摹练习。将参考作品中的知识点分析理解透彻，最后应用在自己的作品中。

♡ **肥鹏有话说**

进步并不是短时间内追求的目标，也许通过高强度的练习可以让自己形成肌肉记忆，掌握绘画技巧。但以后练习强度降下来，如工作以后没时间训练时，便不能取得进步了。很多人把绘画练习当作百米冲刺，所以集中训练时突飞猛进，一旦降低学习强度就会退步。我觉得绘画训练应该是长跑，不需要急于一时，调节到最适合自己的节奏才能跑得更远。

💬 **小贴士**

曾经有一段时间，我只能画出卡通风格的作品，如图9-2所示，不知道怎么样才能绘出写实或油画效果。

即使是临摹写实的头像，也还是画不出厚重、扎实的效果。无论我如何调整，我的作品都像是塑料小人，应该不止我一个人有这种困惑吧。虽然当时我的工作是画卡通风格的作品，但我还是希望能画出写实的效果。从那以后的一两年我都在留意相关作品，那时候我积累的知识还是零散的、不成体系的，只能一边练习一边摸索。

每次遇到让我印象深刻、能够一眼被惊艳到的图，我就存下来，并在旁边标注看到这张画时的第一感觉。虽然之后对这幅图的感觉可能会变，不过我认为第一眼的感觉是共通的，也就是说，我看到这幅图是什么感觉，其他人看到后可能也会有相似的感觉。所以我只要把对它的第一感觉记下来，再学会它的绘制效果，别人在看我的作品时应该也能有相同的感受。

图9-2

我分析了一些具有厚涂类油画质感的作品，如美国概念艺术家克雷格·穆林斯的作品，发现它们和韩系厚涂作品的不同之处在于，画面中有很多虚实关系，还有非常丰富的高级灰刻画，如图 9-3 所示。

单说角色头部，暗部有青绿色的过渡，明暗交界线有红橙色的过渡，在色相上可以说是将色环用了一个遍。虽然帽子和眉毛的结构没那么明显，头发和帽子交处处也不清晰，但整体没有脏乱的感觉。

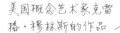

美国概念艺术家克雷格·穆林斯的作品

图 9-3

在分析了多张这种类型的写实作品后，我发现写实画法比日韩画法对画师的画功要求更高的原因在于，在写实画法作品中画师需要在控制画面基本节奏不乱的前提下，做更多的细节结构和颜色变化。每个层级的小结构要同等层级的结构有对比，可以用虚实概括空间和体积的部分；颜色方面少用明度变化，多用色相、饱和度拉开空间。

知道问题所在，其实就容易练习了。虽然想画到这种程度仍然需要练习很久，但有目标总比盲目练习要好很多。我做了一些练习，练习效果如图 9-4 所示。

虽然我的作品和油画名家的差距仍然很大，但终于能看出写实油画的感觉了。日韩风格更注重平面构成和色彩搭配，写实厚涂风格更注重光影和空间关系。所以在练习的过程中我尽量不考虑固有色的影响，把重点放在光影和空间上，最终达到了这样的效果。

图 9-4

其实我觉得练习的重点不在于量多。我在练习的过程中没有画太多作品，而是把更多的时间用在分析别人的手法以及整理绘画思路上。当积累的知识足够多之后，我会集中做一次练习，这个练习可能是几分钟到几小时的速写，也可能是总计画五六百小时的大作品。练习结束后不再更改，以保证下次练习时可以看出哪里进步了，哪里仍然有不足。

9.2 梳理绘画步骤

在拆分知识点后，需要有针对性地练习，同时也要学会实时地归纳总结，梳理绘画步骤，进行理解记忆。在之前的章节中，我用一个角色设计案例，按绘画步骤的先后顺序对其进行拆分，并在每一个步骤中介绍了做好这一步需要具备的关键知识。在本节中将对之前绘画的过程进行梳理，将零散的知识串联起来。

9.2.1 设计构思

在做角色设定之前，我们应该会拿到一份角色设定的相关资料。也许里面会有很多故事背景，而我们要做的是从中摘出与角色设计相关的关键信息。比如，角色的时代背景、年龄、性别、职业、性格，以及具体的设定要求，如尺寸、风格等信息，然后围绕这些关键信息展开设计。

做设计的第一步，就是找参考。要知道，没有什么东西是凭空创造出来的。即使是梦境，也是由人们日常生活中遇到的人或事物，经过拆解重组而成的。千万不要忽略了参考作品的重要性！参考的作用是将脑海里模糊的印象具体化，当有些地方不知道具体怎么画时，就找相应的参考作品，以让自己对于成图效果十分有把握。当参考足够，就停止搜图行为，别让新的思路影响自己已经成型的概念，接下来要做的是把脑海中的设想画出来。

如果设计思路非常清晰，从下笔之前就能想到成图是什么样子，那绘画的过程就会很顺畅。难的是有些人画的草稿是一个样子，成图又是另一个样子，草稿和成图是完全不相干的两个作品。一边画，一边推翻之前的思路，这样边画边改很容易在进行到某个阶段后便画不下去了。所以清晰的绘画思路才是最重要的，绘画只是将脑海里的想法表现出来的途径。动手之前就要了解自己的想法是否合理，是否能够实现。

以我画的一个仓鼠的角色为例，如图 9-5 所示。

图 9-5

9.2.2 剪影

第一步,从剪影开始。这时需要用到的信息是画风、角色的性格和职业。

画风决定这个角色的头身比、体态的夸张情况等,所以要找相应的参考作品借鉴一二;性格决定这个角色轮廓的图形特征,要想到基础图形语言中,圆形、方形、三角形分别代表什么样的感情,再根据实际设计需求选择更符合角色性格;最后是职业,根据职业的不同特征,选择轮廓图形(偏向"T"形、三角形还是菱形)。

考虑好这些之后就可以画剪影了,然后检查这一步做得是否到位。剪影的轮廓需要有个性特征,并且轮廓节奏应疏密得当,如图9-6所示。如果自己认为这两步已经做到了最好,就可以进行下一个步骤了。

图9-6

9.2.3 线稿

画完剪影后开始画线稿。一般的设计,光画剪影和线稿这两步就需要重复进行好几次。因为第一遍大多都是草稿,慢慢提炼几次,画出精致的剪影和线稿后,才可以进行下一步。细化线稿这一步需要检查的内容最多,因为它是奠定画面整体与细节关系的基础。

这一步需要用到全部的角色设计信息,包括角色的时代背景、年龄、性别、职业和性格。时代背景决定角色的服装剪裁,以及细节元素;年龄决定角色的相貌;性别自然不用多说;职业影响角色身上的服饰搭配;性格影响组成角色的图形设计。

以上这些都做好以后,还需要整体检查一遍。检查时注意图形有没有翻折和节奏变化,有没有暗示空间和体积,有没有疏密节奏等。线稿完成后,其实角色设定已经完成一大半了,剩下的部分按部就班地做就可以了。线稿没画清楚的地方,不要指望自己可以在刻画的时候完成。一般线稿越潦草,刻画越辛苦。完成这一步后的线稿如图9-7所示。

图9-7

9.2.4 白模与光影二分

接下来的两步分别是"白模"和"光影二分",可以按绘画风格进行。如果绘画风格是日系,就不需要做白模;如果风格偏厚涂,就需要做白模。

白模一般和光影二分一样,在顶光环境下容易表现效果。由于线稿已经做好了,所以采用吸取线稿色,从边缘向内部过渡的方法就可以轻松做出白模。之所以称为白模,是因为亮部区域是白色的,这样在调成"正片叠底"图层混合模式后,亮部才能显示正常的固有色。当画好白模后,将其放在线稿下方,将图层混合模式调成"正片叠底"。

光影二分是强化空间和体积的关键。如果线稿没有清晰地表现出空间或体积关系,就要用光影二分强化。一般来说,光影二分的光源是斜上方45°的伦勃朗光,或者简单的正顶光。利用正顶光可以让模型形成"亮—暗—亮—暗"的光影节奏。画完光影二分后,将这一图层放在线稿图层下方、白模图层上方,并将图层混合模式改为"正片叠底"。这一步完成后的效果如图9-8所示。

图 9-8

9.2.5 上色

到了上色阶段,需要用到角色的时代背景和性格这两个信息。如果对上色没把握,可以先做黑、白、灰剪裁,做出大、中、小的色块节奏对比,然后用单色搭配上色。单色搭配后可以逐步增加色彩,从主色开始,再到辅色,最后是面积最小的点缀色。选择色彩情感跟角色性格相似的颜色进行主色搭配,如果角色有第二层性格,可以用辅色表现。当主色和辅色的区域节奏合理后,根据情况加入点缀色,可以使设计更加出彩。上色后的效果如图9-9所示。

图 9-9

固有色确定以后不要忘了进行色彩倾向调整。一般来说，光影二分和白模的暗部用偏冷的颜色不容易出差错，暗部相对饱和也不会显得画面脏。不过这只是我对新手调色的一些建议，如果颜色控制得好，可以直接按照自己的取色习惯画。最后一定要记得调整线稿色，把线稿图层放在画面最上方，将图层混合模式设为"正片叠底"。先提亮线稿，再调整色相、饱和度。线稿边缘的颜色是画面中最暗的，在调色时一定要慎重。这一步完成后的效果如图9-10所示。

图9-10

9.2.6 刻画

前面的步骤都做好之后，就可以开始刻画了。刻画的主要任务是吸取边缘线稿色，与附近的固有色进行融合过渡。过渡时尽量用弱对比，不要破坏之前角色的设计感。然后对明暗交界线区域进行虚实调整，如果需要强化某部分的明暗交界线，可以使用降低颜色的明度或提高颜色的饱和度的手法。刻画后的效果如图9-11所示。

图9-11

高光放在需要强调的设计重点处，使用全图中最亮的颜色，建议采用暖色，因为暖色比较容易控制。最后是边缘光，可以用侧光或者背光，使用相对高光稍暗的颜色，偏冷一些。但一定要注意不要把边缘光画成简单的"小白边"，要能暗示体积感。对最终效果不满意的话，可以在受光区域增加一点泛光，或使用自动调色，综合考虑画面效果。如果想要表现特殊效果，可以适当添加一些特效。

记住特效只是用于辅助强化画面，不要太夸张。最后修饰一下成图，如增加一些排版设计。成图效果如图 9-12 所示。

图 9-12

9.3 黑白格子

俗话说"由简入繁易，由繁入简难"。有很多词汇很难具象化，如节奏、层次、分形等。因为这些词汇所包含的内容是很多知识点的集合，没有一定美术基础的话很难完全理解。而即将讲到的"黑白格子"就属于综合知识范畴，它是本书中提到的一些知识点的集合。本节讲解黑白格子的内容，包括视线引导步骤和黑白格子原理。

9.3.1 视线引导步骤

01 我用一张练习图的绘画步骤讲解黑白格子的内容。首先看图9-13所示的画面，大家第一眼看的地方是哪里呢？

02 是画面中间的地平线附近对不对？那么，为什么会看这里呢？可能有的同学觉得这部分内容丰富，有远山、草木、沙滩，所以先看到。那我接着添加内容，如图9-14所示。

图 9-13

图 9-14

大家第一眼仍然会看地平线部分，但看完以后，会将视线向上偏移，看到天空。这是为什么呢？有的同学可能会觉得是因为天在空中画了云，有了物体就有了看点。那我再接着加入元素，如图9-15所示。

图 9-15

图 9-16

这时，大家仍然会先看画面中间，然后就产生了分歧，第二眼是看天空，还是看水面呢？当然无论先看哪个部分，都有自己的道理。那为什么水面会"抢"天空的画面比重呢？大家可以思考一下。接着往下画，如图9-16所示。

05 现在大家对画面的着眼点是不是又变了？也许第一眼会看天空的云，然后看画面中心的山和沙滩。当然先后顺序也可能相反，但是大多数同学的第二眼都不会看向离视线最近的水面，想想看是不是这样呢？是不是因为天空的云丰富了亮面，将大家的注意力吸引过去了呢？再接着往下画，如图9-17所示。

如果在步骤04图中，大家不会注意离视线最近的水面。那在这一步骤图中，大家是不是在看完天空以后，就会看向离视线最近的水面呢？

图9-17

9.3.2 黑白格子原理

目前为止，大家应该能感受到，人是会随着画面的变化而改变观看顺序的。我解释一下为什么会这样。在第一步中，我将大量的黑、白、灰对比放在了画面中心，所以画面中心区域有全图中最多的图形和明度变化，如图 9-18 所示。

　　在第二步的时候，我用明度对比较小的颜色在天空中画出云的暗部图形，画面中的黑、白、灰对比逐渐向上方靠拢，天空的图形和黑、白、灰之间的对比明显增加，但增加以后的对比仍然没有画面中心的强，如图 9-19 所示。这时可以提出一个假设：强烈的黑、白、灰以及图形对比会更容易让人注意到。

图 9-18

图 9-19

　　在第三步中，我在水面上也增加了类似的图形，视觉重心明显开始向下移动，如图 9-20 所示，所以假设成立。

　　为了进一步验证假设，我使用画面中对比最强的白色绘制云的亮部。此时，云的对比强度更大，成为新的画面重点，如图 9-21 所示。

图 9-20

图 9-21

最后为了平衡画面节奏，我在前景处增加水面细节，又将画面重点向中间拉回了一部分。看成图的时候，大家应该会看向山和云之间的某个部分，如图9-22所示。

经过这个过程，大家应该能体会到作图过程中，画面重点是如何偏移的。那么不禁引人深思，为什么画面重点会偏移，黑白格子又是什么呢？

图 9-22

当画面中加入新的图形和明度对比的时候，人的着眼点就会随着改变。在这幅画中使用到的对比，可以分为"图形对比"和"明度对比"。比如，将云暗部的图形和亮部的图形做比较，就是"图形对比"；将云暗部所使用到的颜色明度和周边的颜色明度作比较，就是"明度对比"。加入图形和明度对比的效果如图9-23所示。

之后的绘制过程中，我不断地用这两种对比控制画面关系，不断地增加层次，直到画面绘制完成。比如，对远处的水只画了波纹图形而没有画过渡，对近处的水提高了明度，在远山处增加了鸟群的图形等。

图 9-23

综上所述，可以将使用明度和图形对比来改变画面设计重点的手法，称作黑白格子。黑白格子的两个特征分别是"黑白"和"格子"，也就是前面说到的"明度对比""图形对比"。

那么在画面中，导致黑白格子发生变化的因素有哪些呢？

在图9-24中，可以发现远处的山和近处的山颜色不同，沙滩和水面的颜色不同，所以第一个影响黑白格子的因素就是物体的固有色。

图 9-24

图 9-25

在第二步和第三步中，我分别给云和水面增加了光影二分，就使画面重点产生了变化，如图9-25所示，所以第二个影响黑白格子的因素就是光影二分。

考虑到水的透光性，所以我在最后一步中增加了高光和反光，强化近处的对比，如图9-26所示。所以第三个影响黑白格子的因素就是材质。

可能对于新手来说，理解这部分知识有些困难，或者即使明白了也不知道如何运用。这都是很正常的现象，因为从这以后的知识已经超越了"由简入繁"，步入了"由繁入简"的范畴。将设计理论和素描五调子理论、刻画的知识完全掌握，才能慢慢地吸收它们。这个黑白格子的知识点作为拓展知识，大家了解一下就好。

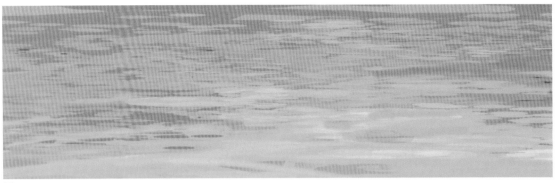

图9-26

第 10 章

工作历程与学习心得

10.1 工作历程

经常有同学让我向他们分享一些工作经历，他们希望通过我的工作经历可以让自己在遇到同类情况的时候，少走一些弯路。虽然我并不觉得自己的工作经历值得参考，但如果能够让同学们了解一下行业的情况，说说也无妨。

10.1.1 关于游戏行业

也许很多同学对游戏行业比较感兴趣，想了解一个游戏项目是怎样运作的，那我就简单说一下。一个项目的运作是有周期性的。最初是由一名发起者带领几个核心成员做出一个项目样板，也就是大多数人说的"Demo"。这时候团队有四五个人，每个人都有专属职责，具体岗位可以简化为"策划""程序""美术"三个岗位，不过大多数情况下是一个人身兼数职，毕竟创业初期团队预算有限。

当做出项目样板以后，项目的发起者开始寻找投资。如果是从属于大公司的下属团队，发起者向公司负责人申请研发资金和推广位等资源。如果是独立团队，发起者就会依靠人脉找投资人。如果这时候拿不到投资，项目就直接作废了，拿到投资就可以进入第二阶段工作，也就是团队扩招。

扩张团队后，初期的几个核心成员就会成为管理者，也就是"主程序""主策划""主美"。成为管理者，很大程度上是因为他们从初期就开始运营项目，对项目的构架更加熟悉。之前对于主创团队成员的要求是能力全面，而不是单方面能力突出。之后对外进行扩招，则更倾向于专人负责专门职位。比如，"美术"分为"UI（User Interface，用户界面）""角色""场景""动画"等岗位，这时候根据资源的多少、公司的规划及规模，公司的发展方向会有所不同。

有的公司会把美术外包出去，自己只留几个负责和外包公司对接的美术人员。也有的公司会考虑组建一个美术团队。把美术外包出去可以在短期内将成本控制在最低。自己组建美术团队可以灵活调动人员，比如同时开展多个项目时，能够快速分配人手。现在越来越多的公司倾向于美术外包，因为自己培养团队也会面临人员流动，一般行业里的大公司才会自己组建团队。

作者经历

快毕业的时候，经过一个画友的介绍，我去了一家网页游戏公司工作。当时的工作内容是画一些小怪物的设定、房屋建筑、地标、道具、宠物头像、点阵图等琐碎的工作，不是我想做的角色设计。之后有一个创业团队让我用业余时间做一些项目。那时候我为了赶进度，除了正常上班外，每天晚上都会为创业团队画卡牌。图 10-1 所示的是我为这个团队画的卡牌。

图 10-1

这些都是无偿的，当时就想着多积累经验，而且刚毕业时感觉有用不完的精力。毕业之后，这个找我画卡牌的创业团队说他们决定成立工作室，并承诺让我绘制游戏角色原画。我一直想做角色设计，就欣然接受了。工作室正式成立后，几个人挤在一间出租屋里工作，虽然工作室的规模小，但大家都很有热情。刚开始做的项目是 Q 版的道具合成类游戏，如图 10-2 所示。

本以为能够在角色设计中大显身手，谁知道画了两个角色后，策划人员告诉我角色画完了。之后就交给我一批大概 140 多个图标，要求在 20 天内画完。那时候我效率很高，最快的时候一天画了 14 个图标。然后，团队又交给我优化界面的工作，结果两年时间，我一直都在做游戏 UI 的工作。

图 10-2

那时候团队获得了一个国内知名小游戏公司的赞助，但一两个月就要出一款游戏。时间紧、任务重，这使我做游戏 UI 的能力提高了很多。这段时间，我不仅学会了画各种 Q 版图标、做 GIF 动画，学会使用界面编辑软件 CocosBuilder 编写一些动画小程序，还学会了做粒子效果，以及不同机型的适配等。有时候还参与策划的工作，也会测数值、编玩法。虽然做的游戏很多，但由于运营出了些问题，有很多项目直接被舍弃了，某个被舍弃的项目如图 10-3 所示。辛苦做出的产品无法进入发行环节，这对于大部分游戏研发人员来说都是很辛酸的事情。

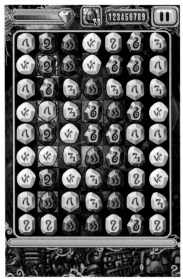

图 10-3

当公司有几十人时，就基本稳定，开始正式研发了。"996"基本是常态，有些公司甚至会在郊区租一套别墅进行封闭式开发。尤其是面临产品上线时，加班到第二天都很正常。虽然大家都厌恶这种加班行为，但在游戏行业这是常态。因为这种中小型公司一边要尽量节约运营成本，一边要做出成绩给投资方以保证后续资金。如果在前期资金链断裂，项目很可能胎死腹中，辛苦成立的公司也就没了。这段时间管理者的压力很大，所以他们会想尽办法提高员工的工作效率，直到公司至少有一个项目上线并获得收益，才会进入下一阶段。即使只有一个项目获利，也可以使公司正常运作，资金链也会更加稳固。

有了稳固资金链的公司，一般会同时开展其他项目。这时就会从老员工中挑选一些能力全面、工作态度好、认真负责的人，做新团队的主要负责人。新团队会经历一遍前面的流程。待在老团队的员工相对轻松一些，因为这时公司稳定了，会逐步完善规章制度，如团建时间、上下班时间、加班补助之类的规定。老项目的分红会在年中或年底发放。老团队的员工没有太频繁的加班，生活和收入趋于稳定，有闲暇时间做自己喜欢的事。如果想要晋升或锻炼自己，也可以申请去新项目组。

🕐 作者经历

我曾在一个外包公司工作，在工作期间，令我印象最深刻的是美术组长总强调"只要画得好，做什么都是对的"。相信行业中有这种心态的人不止一个，当我理解了这种类型的心态后，激发了我努力想要成为一名绘画高手的决心。

通过两年的努力，我开始在圈内小有名气，国内某知名大公司就直接给我开出不少的薪资，甚至说不喜欢面试测试题的话，可以给我换一个。我身边的老师也有被大公司给予免测试直接入职的待遇。其实每个行业都一样，如果你没有突出的能力，求职就会变得非常艰难，屡屡碰壁。如果你有突出的能力，公司就会表现出求贤若渴的态度，哪怕是招聘简章里没有的待遇都可以给你加上去。公司规章是为大部分人准备的，越有能力的人越有资格跟公司谈条件。

一个项目能不能持续运作，很大程度上也要看机遇。机遇指的是"公司负责人的资金雄厚""项目上线时机好""项目内容好"等，这中间有任何一个环节出了差错，都会造成不尽如人意的结果。项目能否拿到好的推广及运营资源，大部分取决于项目负责人和老板之间的沟通是否到位。项目负责人如果不能扛住压力，那压力就会分散到组员身上。很可能因为负责人谈判时的一句话失误，就会造成组内成员连夜加班修改，甚至导致美术推翻重做。

如果是执行力强、又沉得住气的人，从事游戏研发一线工作还是很适合的。

当同学们面试的时候，不妨留心观察，看看自己所面试的公司处于哪个阶段，面试自己的工作人员是不是言出必行的人，工作内容是否符合自己的设想。千万要注意，面试时要以当时的待遇为基准，不要过于相信"未来我们会……"这种言论，公司的发展不一定会如公司负责人预想的那般顺畅。

刚毕业的大学生能力和经验都不足，选择较少。遇到这种情况怎么办呢？努力提升自己的能力，等待时机是最好的方式。社会发展日新月异，一切都在变化。你的能力越强，竞争力越强。如果你是热爱这个行业的人，其实不需要考虑太多，专注于提升自己的能力就好。

10.1.2 关于教育行业

说到老师，我理想中的老师是：自己独立研究新的技法，并分享给学生，与学生沟通没有障碍。我只是一个普通人，起点比大多数人都低。仅仅因为爱好绘画，并将自己的经验和故事分享给愿意听我讲述的人。对于我分享的知识，大家可以赞同或质疑。对于我分享的经历，大家可以当作故事看看。我也在学习的路上，大家一起加油吧！

🕐 作者经历

我离开游戏研发一线后，开始从事教育行业。也许有人会说："你不做游戏项目研发是不是因为被淘汰了？"恰好相反，我认为一个合格的游戏美术老师，能力应该比普通游戏从业者更高。一个负责任的老师，肯定会把自己的能力提高到较为满意的阶段才会教别人。

其实我在公司担任 UI 主美的时候，就会为新员工制定作图规则，以便集中对接和修改。之后越来越多的人问我某些部分如何画才能达到参考作品的效果，我也非常乐意将绘画方法告诉他们，那时总结的经验也为我现在从事教育工作奠定了基础。在长期的总结和实践中，我整理出各种画风的学习方法，慢慢对教学产生了浓厚的兴趣。现在时机成熟了，我从事自己喜欢的行业是遵从内心的选择。

为了能够让学生更好地接受知识，我在课程中竭尽所能地优化授课内容，尽量让学生在最短的时间内领悟知识点。在为学生讲述知识点之前，我都会亲身示范，将相应知识点直观地展示给学生。图 10-4 所示是我为学生示范的作品。

图 10-4

2019 年，我参加了几个比赛，拿了一些奖项，我的绘画能力也得到了很多人的认可。接下来我就专注做教育，用了半年的时间，把工作重点从实体教育机构转移到网络教育上。在授课和交流中，学生为我起了"肥鹏"这个绰号。年底我自学了 Live2D，将"肥鹏"制作成卡通形象。在继续优化授课思路和练习之余，我将美术知识简化并制作了时长为 5 分钟左右的《肥鹏课堂》视频，如图 10-5 所示。

2020 年，《肥鹏课堂》在圈内积攒了一定量的粉丝，经过几年的努力终于取得了一些收获。我在工作之余偶尔也开一些免费的讲座，给那些像我当年一样困惑的同学们一些学习建议。我也开始尝试和一些平台进行合作，毕竟自媒体和网络教育都是新兴行业，我也不清楚以后的路是什么样的，只能慢慢尝试。

时至今日，我勉强算是一名自由画师。偶尔接公司的外包项目，让我不至于脱离行业。之前的种种经历使我掌握了多种画风，原本三四天才能画出的设计，现在三四个小时就能画完。图 10-6 所示的是我设计的一个作品。

图 10-5

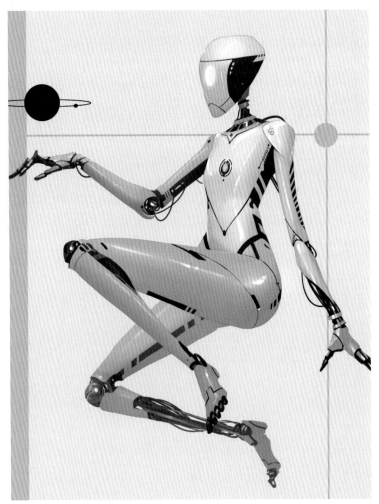

图 10-6

10.2 学习心得

绘画学习其实是很主观的，也许你看到别人画得很好前去请教，对方会告诉你"凭感觉""多练习"之类的话，但这并不能真正解答你的疑惑。其实我不喜欢这样的绘画交流，我会尽量耐心地为问我的同学们解答疑惑，同时也很乐意把我的学习心得分享给大家。

10.2.1 兴趣是最好的老师

善于学习的人会把学习当成娱乐。我一直认为兴趣是最好的老师。动画、漫画、电影、游戏产业的发展非常迅速，想从事这些行业的人也越来越多。相信很多学习画画的同学都是因为喜欢某些角色或场景，或想要创作自己的作品而学习绘画。只有找到自己的爱好和兴趣点，才能有动力学好它。

被别人逼着学习是学不好的。有的同学问我："喜欢玩游戏，会不会影响绘画练习呢？"我回答："当然会有影响，你得先有爱好，才会主动地学习。"总有人说游戏、动画、漫画、电影等耽误学习。但我觉得，学会玩后才能真正喜欢研究。被娱乐冲昏头脑的人，注定不适合学习绘画；能够欣赏美术并研究它，才能够学好绘画。

🕐 作者经历

我认为学习绘画首先要找到兴趣点，大家可以想想自己学绘画的初衷是什么。我是因为小时候看了很多动画片，然后喜欢上了画画，没事儿就随手画些喜欢的东西。那时候比较喜欢画男性角色。如果大家去"有妖气"网站搜索《拳皇97大蛇篇》，可能还会发现我当时画的漫画作品。直到快高考时，我才知道"美术生"这个概念。临时抱佛脚，我学了一周的水粉，也没有练过素描速写就去参加艺考了。我由于没有经过美术培训，所以连衬布都不知道。不过这次艺考也让我涨了不少见识。

后来我去了一所民办专科学校读大学。之后我也一直调侃自己，我的大学生活就是在外语类大专院校计算机系学习绘画。当时学校是封闭式管理，晚上 10 点锁宿舍门，校内没有网，周末开放校门可以外出。那段时间我只能在周六、周日带着 U 盘去网吧查资料，回来后在自习课上练画画。因为没有老师教，也不能出校门，我的学习进度很慢。而我自己也不刻苦，练习频率非常低，基本上一个月画一幅图，所以三年中也就画了三十几张。那时候什么都不懂，只知道把空间和素描关系练好，应该会对以后的进步有帮助。我在学生时代的作品如图 10-7 所示。

学生时代的作品

图 10-7

2015 年，我开始真正系统地学习绘画知识，当时我做了很长时间的游戏 UI，但我一直很想做角色设计，工作了几年，中间也换过公司，高强度的加班和项目风格限制，让我没有时间真正画我想画的东西。所以在 2015 年，我决定辞职提升一下自己。

我用工作攒的钱更新了绘画设备，并报名学习了一个实体教育机构的课程。参加美术培训期间我整理了自学时全部的疑问，与班里的同学和老师交流，再加上自己不断地练习、尝试，逐渐掌握了绘画的体系知识。当时我还没有把理论融合到实操中，所以我画的图只能达到图 10-8 所示的程度。

图 10-8

我认为学习过程中，短时间内进步了多少并不重要，重要的是如何才能持续进步。所以，培训期间我积累的知识、吸收的绘画核心思想才是我最大的财富。之后我慢慢研究方法，尝试把理论中的方法运用到实际绘画过程中。在经历了一段时间的思考和实践后，取得了一定的进步。这时期的作品如图 10-9 所示。

画这张图和图 10-12 所用的时间是一样的，都是 2 个工作日。工作效率很明显提高了很多。在 2017 年，我将所有知识点整理归纳后，绘制了一幅《魔兽世界》同人作品《死亡之翼降临暴风城》。这幅作品总用时 200 小时以上。也许有同学见过这张图，它在之后战网的活动中登上过客户端的首页，如图 10-10 所示。

图 10-9

图 10-10

我的作品于 2018 年走进大众视野。2018年年初我用 400 个小时绘制了《复仇者联盟 3：无限战争》的同人插图作品。这张图在业内某知名网站中长期置于首页位置。国内也有多家绘画类自媒体对我进行采访邀约，如图 10-11 所示。

同年我参加了 GGAC 全球游戏概念美术大赛，获得了优秀奖。同届获奖的人，很多是行业内资深的设计师。之后有多家媒体对我进行采访，我的作品也多次在文章头图或广告中出现，如图 10-12 和图 10-13所示。

图 10-11

图 10-12

图 10-13

我在国内 CG 圈中小有名气以后，在国外的朋友也来联系我。其中有些外国画友通过平台和我谈商业合作。也有在海外留学的中国朋友联系我，将我的部分作品打印成海报、明信片等，在当地的展会中进行宣传和销售，如图 10-14 所示。左上角《鬼泣》《毒液》《海王》三张图都是我的作品。

图 10-14

10.2.2 敢于接受批评

大家应该知道木桶效应：一个木桶能够盛多少水，取决于它最短的那块木板有多长。美术学习也是这样，勇于面对短板，其实就是绘画中面临的第一个挑战。有多少人觉得自己画得不好，是因为不会上色呢？但有很多人宁愿花很多时间练习早已熟练掌握的素描、速写，也不愿面对自己不会上色的现实。越是短板的问题，越容易让人想要逃避。主要原因就是害怕出错，害怕被批评。

也许有人会说木桶效应未必是正确的，一个人的能力可以取决于长板有多长。但是就绘画而言，必须要将基本功练到一定程度，再提升某一方面的能力，形成的风格才会被大众接受。全面练习基础，这可以说是画师们公认的道理。

绘画学习中充满挫折，要有一颗坚强的心！也许大家都会迷茫，会遇到瓶颈期。长时间不进步，总是达不到自己的预期，就会想"我真的适合画画吗？"要记住，强大的精神力也是成长的一环，首先要学会战胜自己。

绘画是一个展示型技能。总有一天你的作品会被别人看到，会被批评指点。犯错，知错，改错，这样才能成长！学美术不像考试有绝对正确的答案，如果需要通过死记硬背正确答案学习知识，那这样的学习真的有效吗？这会导致很多人只知道该怎么做，却不知道为什么这样做，为什么不能用其他的方法。我见过太多的同学有害怕犯错的心态，以至于失去了对知识的渴望和独立思考的能力。

人在探索未知领域时都会犯错，只有在熟悉的领域才会一帆风顺。但当人一帆风顺时，也就说明他很难继续成长。如果看一些访谈节目，就不难发现，即便是行业中的精英也会犯错。只不过他们面对了无数次的挑战和挫折，却依然坚持磨炼自己，才取得了一定的成就。只有在磨炼中越来越强大的人，才能走得更远。

我之前参加过一个游戏绘画比赛，由于我的画面构图和行业内一位知名画师非常像，就被取消了参赛资格，当时有很多网友留言批评我。我仍然记得其中一个网友的话："你总是抬着头走路，不看脚下就容易摔跤。"然而我并不赞同这种说法。我觉得想要成长就要抬着头，看到路有多远，看清前进的方向，超过它后再寻找下一座高峰。跌倒了又如何？爬起来继续前行！所以我从来不相信，有什么绘画名家的技术高度是其他人无法达到的。就像我是一个外语类大专院校计算机专业的学生转行绘画一样，坚持自己的爱好，勇敢地走下去。

从那以后我在直播时画的几乎都是临场发挥的内容，很少有经过排练的。直播过程中免不了出错，这也成为一些同学津津乐道的话题。但只要是善意的批评，我都会虚心接受。曾经有一名影视概念设计师说："判断一个设计的好坏，要看这张图去掉技巧以后还剩下什么。"懂的人很容易就能明白他指的是什么，可免不了一些人反对，说"绘画不就是表现技巧吗？"之类的话。

每个人的认知水平和人生阅历都是不同的，没有必要因为一些质疑就怀疑自己。相反，只要有支持者，就有了让自己继续走下去的理由！

现在我仍然会犯错，犯错就说明我在舒适区外进行研究。遇到错误再改正，就能进步！德国文学家弗里德里希·威廉·尼采曾说过："凡不能毁灭我的，必使我强大。"我很喜欢这句话，从错误中成长，超越自己才能真正进步。

很感谢你可以看到最后，一本刊物的出版，似乎没有我想象的那么容易。从写作到出版发行都要经过层层把关，书籍的配图也有所限制，所以很多我想用的配图无法放在书中当作图例，这确实非常遗憾。虽然本书的内容并没有我起初想的那样全面，但我确实倾注了目前能力范围内的全部心血。也许我的表达能力没有那么到位，绘画水平也不是顶尖的，但我觉得，如果是十年前的我，可能很期待有那么一个人能够为我指一个前进的方向。即使方向不那么准确，也能当作路上的一个小小的标杆。若本书对你有一点帮助，我就心满意足了。未来充满无限可能，愿大家能一同前行！

作品展示

紫罗兰永恒花园

英雄联盟

复仇者联盟 3：无限战争

金闪闪

鬼泣

死亡之翼

巫妖主

毒液

浩劫——永夜战争

阿
修
羅
Asura

阿修罗

艺术设计教程分享

本书由"数艺设"出品，"数艺设"社区平台（www.shuyishe.com）为您提供后续服务。

"数艺设"社区平台， 为艺术设计从业者提供专业的教育。

● 　与我们联系

我们的联系邮箱是szys@ptpress.com.cn。如果您对本书有任何疑问或建议，请您发邮件给我们，并请在邮件标题中注明本书书名及ISBN，以便我们更高效地做出反馈。

如果您有兴趣出版图书、录制教学课程，或者参与技术审校等工作，可以发邮件给我们。如果学校、培训机构或企业想批量购买本书或"数艺设"出版的其他图书，也可以发邮件联系我们。

如果您在网上发现针对"数艺设"出品图书的各种形式的盗版行为，包括对图书全部或部分内容的非授权传播，请您将怀疑有侵权行为的链接通过邮件发给我们。您的这一举动是对作者权益的保护，也是我们持续为您提供有价值的内容的动力之源。

● 　关于"数艺设"

人民邮电出版社有限公司旗下品牌"数艺设"，专注于专业艺术设计类图书出版，为艺术设计从业者提供专业的图书、视频电子书、课程等教育产品。出版领域涉及平面、三维、影视、摄影与后期等数字艺术门类，字体设计、品牌设计、色彩设计等设计理论与应用门类，UI设计、电商设计、新媒体设计、游戏设计、交互设计、原型设计等互联网设计门类，环艺设计手绘、插画设计手绘、工业设计手绘等设计手绘门类。更多服务请访问"数艺设"社区平台（www.shuyishe.com）。我们将提供及时、准确、专业的学习服务。